Bernd Herberth Schelker

Fastende Tiere
Auswirkungen der Nahrungsrestriktion auf die Lebensspanne von Tier und Mensch

disserta
Verlag

Schelker, Bernd Herberth: Fastende Tiere: Auswirkungen der Nahrungsrestriktion auf die Lebensspanne von Tier und Mensch. Hamburg, disserta Verlag, 2015

Buch-ISBN: 978-3-95425-958-8
PDF-eBook-ISBN: 978-3-95425-959-5
Druck/Herstellung: disserta Verlag, Hamburg, 2015
Covermotiv: pixabay.com

Bibliografische Information der Deutschen Nationalbibliothek:
Die Deutsche Nationalbibliothek verzeichnet diese Publikation in der Deutschen Nationalbibliografie; detaillierte bibliografische Daten sind im Internet über http://dnb.d-nb.de abrufbar.

© disserta Verlag, Imprint der Diplomica Verlag GmbH
Hermannstal 119k, 22119 Hamburg
http://www.disserta-verlag.de, Hamburg 2015
Printed in Germany

Für meine Familie

Inhaltsverzeichnis

1 Einleitung

Der Idee der Nahrungsrestriktion unterliegt die Grundannahme, dass Nahrungsmangel für Organismen im Prinzip gesünder ist als Nahrungsüberschuss. Denn während der Evolution waren alle Organismen überwiegend mit dem Problem des Nahrungsmangels konfrontiert, wodurch sie zu dessen Bewältigung bestimmte Adaptationen erlangten.

Von dieser Annahme ausgehend ist das zentrale Anliegen dieses Buches die Beantwortung der Frage, auf welche Art die Nahrungsrestriktion (NR) als Präventionsmaßnahme
die Alterungsprozesse des Menschen positiv beeinflusst und ob sie seine Lebensspanne nachweislich erhöhen kann. Zur Erlangung dieses Ziels wird untersucht, welche
Effekte die Nahrungsrestriktion auf nahrungssensible Signalwege, physiologische
Parameter und molekulare Alterungsprozesse bei Modellorganismen, Rhesusaffen und
Menschen hat. Mit den daraus gewonnenen Erkenntnissen wird dann eingegrenzt, wie
groß der Einfluss der Nahrungsrestriktion auf die Lebensspanne des Menschen ist.

Die dazu vorgenommene Untersuchung besteht aus der Verknüpfung der Erkenntnisse
aus Gebieten der Evolution und Physiologie und ihrer molekularen und zellulären
Mechanismen.

Im 2. Kapitel werden dazu zunächst die molekularen Mechanismen der Alterung und
ihr Zusammenhang mit alters- und ernährungsbedingten Krankheiten wie Typ-2-
Diabetes und Arteriosklerose vorgestellt. Damit wird der gegenwärtige, überwiegend
in Industriestaaten bestehende Gesundheitszustand und mögliche Ansatzstellen für die
Nahrungsrestriktion als potentielle Präventionsmaßnahme aufgezeigt.

Im 3. Kapitel werden Ergebnisse aus Einzelstudien und Meta-Analysen (Laborstudien)
sowie Erkenntnisse aus der Forschung zu Menschen die unter NR-analogen Bedingungen leben (Langzeitstudie: *The Okinawan diet*), hinsichtlich der Auswirkungen der NR
auf Physiologie, Gesundheit, Pathologie, Alterung und Lebensspanne von Modellorganismen wie Hefen, Nematoden, Fliegen und Nagetiere sowie von Rhesusaffen und
Menschen vorgestellt und verglichen. Diese Vergleiche sollen dabei helfen einzuschät-

zen, welches Ausmaß eine NR auf die Gesundheit und Lebensspanne des Menschen haben kann.

Im 4. Kapitel werden die bei Modellorganismen, Rhesusaffen und Menschen durch eine NR aktivierten Signalstoffe und Signalwege beschrieben und miteinander verglichen. Am Beispiel der Säugetiere wird der molekulare Ablauf der Signalkaskade und ihrer Implikationen für die Alterung anhand des nahrungssensiblen Insulin/IGF-1-Signalwegs (IIS) und seiner Ziele wie TOR (*target of rapamycin*) und FOXO (*forkheat box O*) detailliert geschildert. Damit wird der Einfluss der nahrungssensiblen Signalwege auf die molekularen und physiologischen Mechanismen der Alterung ersichtlich.

Im 5. Kapitel werden Hypothesen erörtert, welche die evolutionäre Entstehung der Nahrungssignalwege mithilfe von Hungerperioden, der Ressourcenverteilung (*resource allocation*) und Lebenszyklusstrategien (*life history strategies*) begründen. Diese Analyse soll zusätzlich klären, ob die bei unterschiedlichen Spezies unter NR beobachteten physiologischen Effekte, auf molekular gleichen Strukturen und Funktionen basieren. Denn erst wenn dies zutrifft, können die bei Tieren beobachteten Auswirkungen einer Nahrungsrestriktion auf die Lebensspanne evidenzbasiert auf das Ausmaß einer NR auf die Lebensspanne beim Menschen übertragen werden. Die Untersuchung der molekularen Mechanismen und evolutionären Faktoren stellt somit eine Absicherung für die Einschätzung dar, welches Potential eine NR für die Gesundheit hat und letztlich welcher prozentuale Anstieg für die Lebensspanne des Menschen zu erwarten ist.

Die Resultate aus diesem Gesamtkomplex werden im 6. Kapitel zusammengefasst und es wird ein Resümee für die Beantwortung der Ausgangsfrage, ob die Nahrungsrestriktion die Lebensspanne des Menschen erhöhen kann, gezogen. Abschließend werden im 7. Kapitel Probleme wie das Insulin-Paradox und Aussichten der Nahrungsrestriktion als Präventionsmaßnahme diskutiert.

2 Alterung und ernährungsbedingte Krankheiten

Im Folgenden werden zunächst evolutionäre Theorien und molekulare Mechanismen der Alterung vorgestellt. Damit wird die Grundlage geschaffen, um im weiteren Verlauf zu veranschaulichen, welche Zusammenhänge zwischen primären zellulären Alterungsmechanismen und alterungs- und ernährungsbedingten Krankheiten bestehen. Abschließend wird eine Überleitung zu den gegenwärtigen Gesundheitsproblemen der einkommensstarken Länder vorgenommen.

2.1 Evolutionäre Theorien des Alterns

Das biologische Phänomen der Alterung ist ein nach wie vor nicht vollständig verstandenes Problem der biologischen Wissenschaften. Schon 1957 deutete Georg C. Williams auf ein scheinbares Paradox hin: „Es ist wirklich verwunderlich, dass – nachdem das Wunderwerk der Embryogenese vollbracht ist – ein komplexes Metazoon an der viel simpler erscheinenden Aufgabe scheitert, einfach das zu erhalten, was schon geschaffen ist." (Williams 1957). Für den Menschen bedeutet dies, dass im ersten Schritt aus der Zusammenkunft einer Ei- und Samenzelle ein funktionsfähiger Körper mit der riesigen Anzahl von ca. $3,72 \times 10^{13}$ Zellen entsteht (Bianconi et al. 2013), welche Organe, verschiedene Gewebetypen, viele verschiedene Proteine und selbst eine große Anzahl an Schutz-, Instandhaltungs-, und Reparaturmechanismen bilden, der Organismus diesen erst so aufwendig aufgebauten Körper im zweiten Schritt dann aber einfach nicht mehr instand halten kann. Aus Sicht der Physik besteht die Entwicklung von Organismen darin, Ordnung zu erhalten, indem sie Energie durch Nahrung aufnehmen und somit Entropie „exportieren"[1]. Warum die unterschiedlichen Spezies

---

[1] „Alles, was in der Natur vor sich geht, bedeutet eine Vergrößerung der Entropie jenes Teils der Welt, in welchem es vor sich geht. Damit erhöht ein lebender Organismus ununterbrochen seine Entropie - oder, wie man auch sagen könnte, er produziert eine positive Entropie - und strebt damit auf den gefährlichen Zustand maximaler Entropie zu, die den Tod bedeutet. Er kann sich ihm nur fernhalten, d. h. leben, indem er seiner Umwelt fortwährend negative Entropie entzieht - welches etwas sehr Positives ist." (Erwin Schrödinger in: Moore 2012).

verschieden lange Lebensspannen besitzen, könnte man dann mit deren unterschiedli-chen Fähigkeit „Ordnung zu halten" erklären.

Tatsächlich unterliegen bis auf wenige Ausnahmen alle Organismen Alterungsprozes-sen und sterben nach einer für sie biologisch mehr oder weniger festgelegten Zeit[2]. Um den Vorgang der Alterung zu erklären, existieren Schadenstheorien wie z. B. die *Rate-of-living-Theory* (Pearl 1928), die Theorie der freien Radikale (Harman 1956) und die Telomer-Hypothese (Hayflick, Moorhead 1961) sowie einige Theorien, die den Vorgang in einen evolutionären Zusammenhang stellen (Rensing, Rippe 2014, S. 17). Infolge Raymond Pearls *Rate-of-Living-Theory* (1928) wurde z. B. noch lange ein Zusammenhang zwischen einem niedrigen Stoffwechsel und der lebensverlängernden Wirkung einer geringeren Nahrungsaufnahme vermutet. Die Metabolismusrate einer *ad libitum* gefütterten Maus ist zwar tatsächlich höher als die einer hungernden Maus, doch konnte McCarter et al. (1985) nachweisen, dass der Umsatz pro Gramm Körper-gewicht sich bei Tieren mit reduzierter Kalorienaufnahme nicht reduzierte, sondern sich sogar häufig erhöhte (Kirkwood, 2000, S. 208). Brzek et al. (2012) haben schließlich ermitteln können, dass die initiale Metabolismusrate für die späteren Auswirkungen auf eine Nahrungsrestriktion entscheidend ist. So reagierten z. B. Mäuse stärker auf eine Nahrungsrestriktion, wenn ihre Umsatzrate bei Beginn der Fastenphase höher lag. Des Weiteren fanden sie keinen Zusammenhang zwischen der Höhe der Metabolis-musrate und der Anfälligkeit oder dem Schutz vor oxidativem Stress. Nach Kirkwood ist nicht der Grundumsatz, sondern der Anteil der für Wartung und Instandhaltung des Körpers aufgewendete Energiebetrag maßgeblich, denn kleine Vögel hätten zwar einen höheren Umsatz wie manche kleine Säuger, würden aber in der Regel länger leben als diese (Kirkwood 2000, S. 207).

Evolutionäre Theorien der Alterung versuchen Entwicklungs- und Alterungsprozesse sowie die speziesspezifische Verteilung der Alterungsraten im Zusammenspiel mit Prozessen der Mutation und Selektion zu erklären (Ljubuncic, Reznick 2009). Eine der

---

[2] Der Süßwasserpolyp *Hydra vulgaris* zeigt keine nachweisbare Seneszenz und ist potentiell unsterb-lich. Auch in *Hydra* wird der Transkriptionsfaktor *FoxO* über den Insulinsignalweg aktiviert. Nah-rungsrestriktion bei *Hydra* verändert aber, im Gegensatz zu allen anderen Organismen, nur die *FoxO*-Expressionmuster epithelialer Zellen (Martínez, Bridge 2013).

ersten biologischen Theorien, die den Vorgang des Alterns erklärte, wurde von August Weismann aufgestellt. Ihm zufolge sollte das Älterwerden von Organismen eine altruistische evolutionäre Anpassung darstellen, um zu verhindern, dass die Nachkommen mit ihren Eltern um knappe Ressourcen konkurrieren (Weismann 1892). Der von Weismann implizierte Mechanismus der Gruppenselektion war jedoch durch den von Williams entstandenen und Dawkins weiter verbreiteten Gedanken des Gen-Egoismus nicht mehr haltbar. Von Peter B. Medawar und William D. Hamilton wurde deshalb angenommen, dass die mit fortschreitendem Alter einsetzende Seneszenz aus der postreproduktiven Abnahme darwin'scher Selektionskräfte resultiere. Medawars Idee, dass es mit zunehmendem Alter zu einer Akkumulation von Mutationen kommt, welche durch die natürliche Selektion nicht zu verhindern ist (weil postreproduktiv), entwickelte Hamilton weiter zu seiner Theorie der antagonistischen Pleiotropie. Diese besagt, dass sich Gene in der Population ausbreiten, wenn sie sich in präreproduktiven Phasen noch positiv auf Wachstum und Reproduktion auswirken, aber erst in fortgeschrittenem Alter nachteilige Effekte auf die Lebensdauer haben. Und da nur wenige Individuen ein hohes Alter erreichen und sich in höherem Alter seltener fortpflanzen, können Gene, die erst in höherem Alter schädlich sind, nicht ausselektiert werden und akkumulieren schließlich in der Population[3] (Fabian, Flatt 2011).

Speziesspezifische intrinsische Alterungsprozesse spiegeln deshalb direkt ihre extrinsische Mortalität wieder. Die intrinsischen Prozesse sind aber das Ergebnis einer Anpassung an spezifische extrinsische Faktoren wie Nahrungsverfügung, Fressfeinde, Prädatoren, Krankheiten etc., welche durch eine Optimierung der Verteilung begrenzter Ressourcen vorgenommen wird. Auf diesen Vorstellungen aufbauend entwickelte Kirkwood die *Disposable-Soma-Theory*. Diese besagt, dass Zellen prinzipiell zwar beliebig exakt arbeiten können (Bsp.: *Hydra*, Keimbahn), aufgrund von begrenzten Ressourcen aber eine Aufteilung der vorhandenen Energie in Keim- oder Somabahn vorgenommen wird. Da der einzige biologische Imperativ das Überleben der Gene ist,

---

[3] Neben p53 wird auch mTOR als ein Beispiel für ein antagonistisch pleiotropes Gen angesehen. mTOR ist auch Teil des später genauer besprochenen Insulinsignalwegs. mTOR ist für die frühe Entwicklung und das Wachstum notwendig aber später für die Zellalterung verantwortlich (Blagosklonny 2010).

lohnt es nicht in die Erhaltung des Körpers zu investieren, wenn dieser sowieso früher oder später durch Unfälle, Krankheiten oder Predatoren getötet werden kann (Kirkwood 1977). Kirkwood und Holliday griffen dann auf die Mutations-Akkumulations-Theorie und die Theorie der antagonistisch pleiotropen Gene zurück und zeigten, dass die Energieverteilung dazu führt, dass in der Keimbahn aufgrund mehr Energieressourcen wiederum mehr Energie für Reparatur- und Instandhaltungsmechanismen verwendet wird und es so zu einer geringeren Ansammlung von Schäden gegenüber der Somabahn kommt. Dadurch beschränkt sich der größte Teil der angesammelten Schäden auf die Körperzellen der Eltern, während die Nachkommen mit relativ fehlerfreiem Genmaterial aufwachsen (Kirkwood, Holliday 1979). Damit verbindet die *Disposable-Soma-Theory* mechanistische und evolutionäre Theorien der Alterung und legt dar, dass Alterung nicht programmiert, sondern ein „...genetisches Pseudo-Programm, ein Schatten des Entwicklungs-Wachstums" ist (Blagosklonny 2013). Der mit der Entstehung der Metazoa evolvierte Mechanismus der Ressourcenverteilung in Keim- und Somabahn ist ein während der Evolution festgelegtes Programm, das innerhalb eines Individuallebens nicht verändert werden kann. Damit Individuen aber flexibler auf sich ändernde Umweltbedingungen reagieren können, existieren viele weitere Mechanismen, welche z. B. die Anzahl an Nachkommen und die Langlebigkeit auf die zur Verfügung stehende Nahrungsenergie abstimmen. Die Entstehung, Bedeutung und molekularen Mechanismen der Ressourcenverteilung sind für die vorliegende Arbeit von zentraler Bedeutung und werden in Kapitel 4 und Kapitel 5 ausführlicher behandelt.

2.2 Molekulare Alterungsprozesse

Seitens der Biogerontologie wird die Alterung heute definiert als eine mit dem Alter fortschreitende Degeneration der intrinsischen physiologischen Funktionen, die zu einer Erhöhung der altersspezifischen Mortalitätsrate und einer Abnahme der altersspezifischen Reproduktionsrate führen (Flatt 2012). Unter Seneszenz kann spezifisch die Abnahme der physiologischen Funktionalität und unter Senilität der Komplex der pathologischen Entwicklungsprozesse von altersbedingten Krankheiten verstanden werden (Monaco, Silveira 2009). Im Zusammenhang mit dem Zellzyklus spricht man zusätzlich von Zell-Seneszenz, wenn man Zellen bezeichnet, die sich in einem Zellzyklus-Arrest befinden (Campisi et al. 2007).

Der menschliche Körper besteht aus 3,72 x 10^{13} Zellen (Bianconi et al. 2013) und durchläuft während seines Lebens ca. 10^{16} Zellteilungen (Alberts et al. 1994). Multipliziert man die Gesamtzahl der Körperzellen mit der Anzahl der durchschnittlich in einer Zelle enthaltenen Proteine[4], Lipide und Mitochondrien[5], liegt die Vermutung nahe, dass Prozesse zur Erhaltung der DNA und anderer Zellbestandteile von hoher Relevanz für die Erhaltung der Zellen und letztlich des gesamten Organismus sind. Dementsprechend werden als wichtigste zentrale Ursachen der Alterung die oxidative Schädigung von DNA, Proteinen, Lipiden und Mitochondrien, die Telomerverkürzung sowie Gendefekte an DNA-Reparaturmechanismen angesehen (Rensing, Rippe 2014, S. 47).

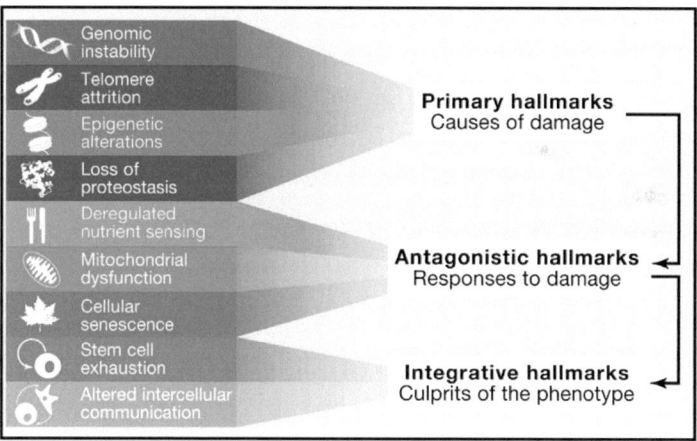

Abb. 1: Die funktionale Verbindung der Hauptfaktoren der Alterung (López-Otín et al. 2013).

---

[4] Genaktivitäten und andere an der DNA stattfindenden oder von dieser ausgehenden Prozesse sowie Stoffwechselprozesse können noch dazu addiert werden.

[5] Ein Mitochondrium enthält mehrere DNA-Ringe, ihre Gesamtzahl im menschlichen Körper erhöht sich in der Berechnung noch mal um einen durchschnittlichen Faktor von 5.

Diese integriert in einen Gesamtkomplex ergeben nach López-Otín et al. (2013) neun Faktoren[6], die sich miteinander verknüpft hierarchisch in drei Kategorien einteilen lassen (siehe Abb. 1):

A   Die Hauptverursacher von Zellschäden

Genominstabilität *(Genomic instability)*, Telomerverkürzung *(Telomere attrition)*, epigenetische Veränderungen *(Epigenetic alterations)* und der Verlust der Protein-Beständigkeit *(Loss of proteostasis)* sind die primären Hauptverursacher von Zellschäden. Zur Genominstabilität zählt man die lebenslange Akkumulation von genetischen Schäden. Diese werden ausgelöst durch exogene physikalische, chemische und biologische Noxen sowie durch endogene Verursacher wie DNA-Replikations- und Reparaturfehler, hydrolytische und oxidative Schädigungen (López-Otín et al. 2013). Bezüglich der Frage zu welchem Anteil freie Radikale Alterungsprozesse beeinflussen und ob sie überhaupt negativ oder positiv auf diese wirken, bestehen innerhalb der mitochondrialen Theorie der freien Radikale *(Mitochondrial free radical theory of aging, MFRTA)* einige Kontroversen (Schiavi, Ventura 2014). Während z. B. viele Studien nachweisen konnten, dass die Überexpression von antioxidativ wirkenden Enzymen die Lebensspanne der betroffenen Organismen verlängerte, bestand in anderen Studien eine positive Korrelation zwischen höherem oxidativem Stress und einer längeren Lebensspanne[7]. Von Relevanz für die vorliegende Arbeit und ein Pro-Argument für die *MFRTA* ist, dass die Nahrungsrestriktion zu erhöhter Langlebigkeit führt, indem sie oxidativen Stress durch die Aktivierung der Superoxid-Dismutase (SOD) reduziert (Qiu et al. 2010). Zentrale kontrovers diskutierte Zweifel an der *MFRTA* nach Schiavi, Ventura (2014):

---

[6]   Diese gelten speziesübergreifend, das Hauptaugenmerk legten die Autoren jedoch auf den Menschen (vgl. López-Otín et al. 2013).

[7]   Die *MFRTA*-unterstützende Studien sind nach Schiavi, Ventura (2014): Maynard et al. 2009; Sohal et al. 1994; Trifunovic et al. 2004; Schriner et al. 2005; Qiu et al. 2010. *MFRTA*-widerlegende Studien sind: Chen et al. 2007; Ernst et al. 2013; Miller et al. 2005; Schmeisser et al. 2013a; Van Raamsdonk, Hekimi 2009, 2012; Copeland et al. 2009; Dell'agnello et al. 2007; Dillin et al. 2002; Lee et al. 2003; Ferraro et al. 2014; Pietsch et al. 2011; Ristow, Schmeisser 2011; Ristow, Zarse 2010.

1. Es besteht eine fehlende Korrelation zwischen der ROS-Intensität und der Lang-lebigkeit bei einigen Spezies (Chen et al. 2007).

2. Antioxidantien lassen in Einzelfällen in verschiedenen Spezies von *C. elegans* bis hin zum Menschen schädliche Effekte erkennen (Ernst et al. 2013).

3. Die Deletion von antioxidativ wirkenden Enzymen zusammen mit der Verabrei-chung von Oxidantien führte nicht zu einer Verkürzung der Lebensspanne, son-dern sogar zu lebensverlängernden Effekten (Schmeisser et al. 2013).

4. Die Reduzierung der Mitochondrientätigkeit besaß in einigen Fällen lebensver-längernde Effekte (Copeland et al. 2009).

5. Nicht-toxische ROS-Mengen aktivierten protektive, interzelluläre Mechanismen wie z. B. die Autophagie und verlängerten so die Lebensspanne (Ferraro et al. 2014).

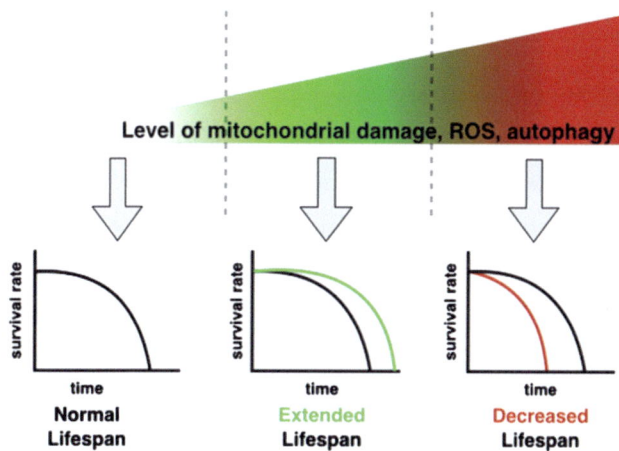

Abb. 2: Korrelation zwischen Lebensspanne und mitochondrialen Schäden, ROS und Autophagie (Schiavi, Ventura 2014).

Ein Prinzip, das die positiven Effekte von schädlichen Substanzen, solange sie in gemäßigten Dosen vorliegen, erklären kann, ist die Hormesis (Calabrese 2013). Demnach werden durch milde mitochondriale Schäden und nicht-toxische ROS-Pegel

Schutzmechanismen wie die Autophagie[8] aktiviert, welche die Akkumulation von interzellulären Schäden verhindert oder verringert und so positive Auswirkungen auf die Langlebigkeit haben kann. Darüber hinaus weiter ansteigende mitochondriale Schäden oder noch höhere ROS-Pegel können zu inadäquater oder exzessiver Aktivierung der gleichen Mechanismen führen, welche dann aber in einer erhöhten Entwicklung von Krankheiten oder zu einer beschleunigten Alterung führen (Schiavi, Ventura 2014).

Einen speziellen Bereich der genetischen Schäden stellt die Telomerverkürzung dar. Da die meisten Somazellen bei Säugetieren keine Telomerase exprimieren, findet eine fortschreitende Verkürzung der telomerischen „Schutzkappen" statt. Die auch als replikative Seneszenz oder Hayflick-Limit bekannte limitierte Zellteilungs-Fähigkeit geht auf die Verkürzung der Telomere zurück (López-Otín et al. 2013).

b Antagonistische Faktoren

Sekundäre, kompensatorische oder antagonistische Faktoren haben die Fähigkeit, die Auswirkungen der primären Schädigungen zunächst in Grenzen zu halten, wirken sich also vorteilig aus. Die „gemäßigte" Zell-Seneszenz stellt z. B. zunächst ein Schutz gegen Krebs dar, wogegen übermäßige Zell-Seneszenz zu vorschneller Alterung führt. Die sekundären Faktoren werden unter *Deregulated nutrient sensing*, *Mitochondrial dysfunction* und *Cellular senescence* zusammengefasst. Liegen die primären Schädigungen aber über einen längeren Zeitraum vor oder verstärken sich noch, haben die sekundären Faktoren ebenfalls weitere schädliche Auswirkungen auf den Gesamtkomplex.

---

[8] Autophagie im Sinne der *MFRTA* bezeichnet einen Komplex aus Mitophagie, mitochondrialer Biogenese, mitochondrialer Proteasen und dem Ubiquitin-Proteasom-System. Dieser Komplex stellt einen speziellen interzellulären Mechanismus dar um beschädigte Mitochondrien oder mitochondriale Proteine durch ihren Abbau zu verringern, wodurch gewährleistet wird, dass eine angemessene Anzahl an funktionstüchtigen Mitochondrien vorhanden ist (Schiavi, Ventura 2014).

c   Integrative Faktoren

Als dritte Kategorie und letztlich für die funktionelle am Phänotyp zu beobachtende Degeneration verantwortlich sind die *Stem cell exhaustion* und die *Altered intercellular communication* (López-Otín et al. 2013).

Aus molekularen Schäden entstehen also zunächst zelluläre und zuletzt den ganzen Organismus betreffende physiologische Schäden. Für die vorliegende Arbeit ist besonders die Erkenntnis von Bedeutung, dass die Alterungsrate zum Teil durch evolutionär konservierte biochemische Signalwege und genetische Prozesse kontrolliert wird. Zu welchem Anteil dies bei den unterschiedlichen Spezies geschieht, ist Gegenstand des 3. Kapitels. Welchen Einfluss die NR durch den Insulinsignalweg auf die molekularen Mechanismen, Physiologie und Alterung der unterschiedlichen Spezies hat, wird im 4. Kapitel dargelegt.

2.3 Krankheit und Altern

In diesem Kapitel wird kurz erläutert, welcher Zusammenhang zwischen molekularen Schäden, Krankheit und Alterung beim Menschen besteht. Die oben beschriebenen molekularen Mechanismen der Alterung stellen die primären Risikofaktoren für Pathologien wie Krebs, Diabetes, Herz-Kreislauf- und neurodegenerative Krankheiten dar. Mit diesem Kapitel wird erstens eine Brücke von den im vorigen Kapitel besprochenen molekularen Alterungsmechanismen zu den tatsächlichen Todesursachen gelegt und zweitens wird der Status quo des Gesundheitszustands aufgezeigt, dem die physiologischen Wirkungen einer Nahrungsrestriktion als potentielle Präventionsmaßnahme entgegenstehen.

Der Prozess der Alterung selbst ist keine Krankheit, begünstigt jedoch deren Entstehung. Die Ursachen dafür, dass im Alter ein häufigeres Auftreten mehrerer chronischer, sich wechselseitig beeinflussender Krankheiten (Multimorbidität) zu beobachten ist, liegt in einer erhöhten Empfindlichkeit für Erkrankungen durch molekulare Degenerationsprozesse (Zeyfang et al. 2013, S. 64-65), welche einhergehen mit verringerter Widerstands- und Anpassungsfähigkeit sowie erhöhter Störanfälligkeit (Brandenburg, Domschke 2007, S. 69). Degenerierende Zellschäden beruhen u. a. auf den durch ROS (*Reactive Oxigen Species*) erzeugten DNA-, Protein- und Lipidschäden. Diese gehen meist von Mitochondrien in postmitotischen Geweben aus, welche im Alter nicht mehr durch Mitophagie entsorgt werden und so zum seneszenten Zustand der Zelle führen. Im weiteren Verlauf werden dadurch zelluläre Fehlfunktionen oder Apoptose ausgelöst, was gegenüber einem unkontrollierten weiteren Wachstum noch den günstigeren Fall darstellt (Rensing, Rippe 2014, S. 35).

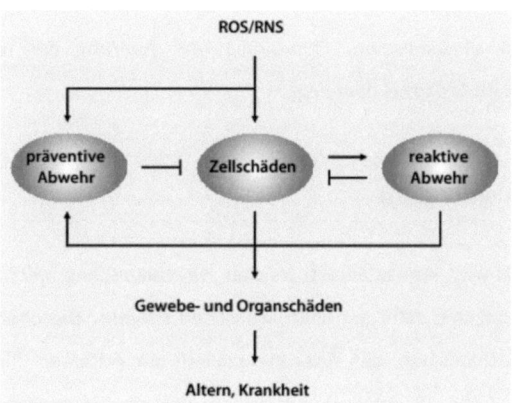

Abb. 3: Verlauf der Entstehung von Krankheit und Alterung ausgehend von molekularen Schäden (Rensing, Rippe 2014).

Mitochondriale Dysfunktionen stehen mit altersbedingten Krankheiten wie Alzheimer, Arteriosklerose, Vorhofflimmern, Diabetes, Taubheit, Muskelatrophie und Retinadegeneration in Zusammenhang. Da es sich um langsam verlaufende Langzeitprozesse handelt, sind die genauen Wirkmechanismen dieser Zelldegenerationen aber noch nicht genügend geklärt (Finch 2007, S. 37). Im Falle der Diabetes ist jedoch validiert, dass Glukose und andere reduzierende Zucker Proteine oxidieren und über weitere chemische Reaktionen Vernetzungen mit Lysin- und Arginin-Seitenkette eingehen (Monnier et al. 2005). Diese als AGEs (*Advanced glycation endproducts*) bezeichneten

Addukte akkumulieren in extrazellulärer Matrix und verringern die Gefäß- und Hautelastizität. Diabetes beschleunigt auf diese Weise die Verhärtung der Aorten und führt so zu einer Erhöhung des Blutdrucks (Finch 2007, S. 38).

Krankheiten, die auf zelluläre Dysfunktionen insbesondere im Gehirn oder Herz zurückgeführt werden können, sind z. B. Morbus Huntington und Multiple Sklerose, neurodegenerative Erkrankungen wie Morbus Alzheimer und Morbus Parkinson, Herz-Kreislauf-Erkrankungen wie Arteriosklerose und Herzinfarkt sowie rheumatoide Arthritis, chronische Entzündungen und Typ-2-Diabetes (T2D) (Rensing, Rippe 2014, S. 35). Die altersabhängige Zunahme der Krebswahrscheinlichkeit basiert auf einer langen Entwicklungsdauer akkumulierender somatischer Mutationen mit Überwindung der inneren Antikrebsmechanismen. Dazu zählt z. B. die auf der Verkürzung der Telomere beruhende replikative Seneszenz. Proliferieren einige Zellen über dieses Stadium hinaus, kann sich zwar die Anzahl der Apoptosen erhöhen, doch gelingt es einigen Zellen ihre Telomerasen wieder zu aktivieren, womit es im weiteren Verlauf zu der ungebremsten und undifferenzierten Wucherung kommt (Rensing, Rippe 2014, S. 269).

Die Arteriosklerose ist die häufigste pathologische Veränderung, welche als Grunderkrankung verantwortlich für Folgeerkrankungen mit weltweit häufigster Mortalitätsrate ist. Dabei kommt es während des Alterungsprozesses in der obersten Schicht der Arterien, der Intima, zu einer Dickenzunahme der Arterienwand. Infolge der Dickenzunahme durch Anlagerungen entsteht ein Verlust an Elastizität der Arterien, der mit einer Erhöhung des Blutdrucks einhergeht. Erhöhter Blutdruck in Verbindung mit Arteriosklerose ist für einen großen Teil der kardiovaskulären Erkrankungen, die zu einem Schlaganfall oder Herzinfarkt führen, verantwortlich (Arking 2006, S. 64). Mit den kardiovaskulären Risikofaktoren steigen außerdem auch die Risiken für neurodegenerative Erkrankungen, wie Thies und Bleiler (2011) belegen.

Auch bei unseren nächsten Verwandten sind Herzerkrankungen für die häufigste Todesursache verantwortlich. Bei in Gefangenschaft lebenden erwachsenen Schimpansen waren zwar zwischen 1970-1990 noch Infektionen der Grund für die häufigste Todesursache, verzeichneten aber infolge vermehrten Einsatzes von Impfungen und Antibiotika einen deutlichen Rückgang. Darauf folgten zum Herzinfarkt führende

Herzerkrankungen als häufigste Todesursache. Während der zum Herzinfarkt führende pathologische Prozess beim Menschen aber hauptsächlich auf eine Koronararteriosklerose zurückgeht, liegt bei Schimpansen, Gorillas und Orang-Utans eine Herzrhythmusstörungen verursachende myokardiale Fibrose vor (Varki et al. 2009). Zwei von der WHO ausgegebene Graphiken verdeutlichen die Unterschiede der häufigsten Todesursachen zwischen einkommensschwachen und einkommensstarken Ländern.

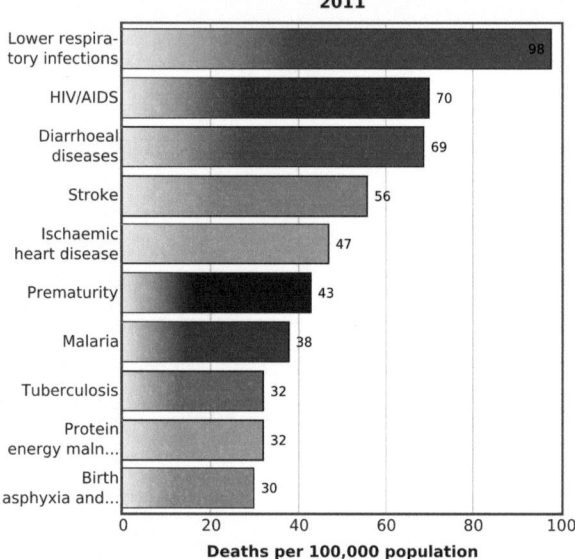

Abb. 4: Die 10 häufigsten Todesursachen in einkommensschwachen Ländern (http://who.int/ mediacentre/factsheets/fs310/en/index1.html). Diese sind z. B.: Afghanistan, Bangladesch, Benin, Burkina Faso, Burundi, Kambodscha, Zentralafrikanische Republik, Tschad, Komoren, Dem. Republik Kongo, Eritrea, Äthiopien, Gambia. Zur vollständigen Liste vgl. *World Bank list of economies (July 2012)*. *Protein energy maln= Protein energy malnutrition. Birth asphyxia and= Birth asphyxia and birth trauma.*

Die weltweite durchschnittliche Lebenserwartung für den Menschen hat im 21. Jahrhundert 66 Jahre erreicht. Das Minimum liegt mit 39 Jahren in Zambia, das Maximum mit 82 Jahren in Japan. In den letzten 160 Jahren hat die durchschnittliche Lebenserwartung relativ linear um 3 Monate pro Jahr zugenommen (Gurven, Kaplan

2007). Die mittlere Lebenserwartung in entwickelten Ländern wie z. B. im westeuropäischen Raum, USA, Kanada und Japan liegt heute bei 77 Jahren (Omodei, Fontana 2011).

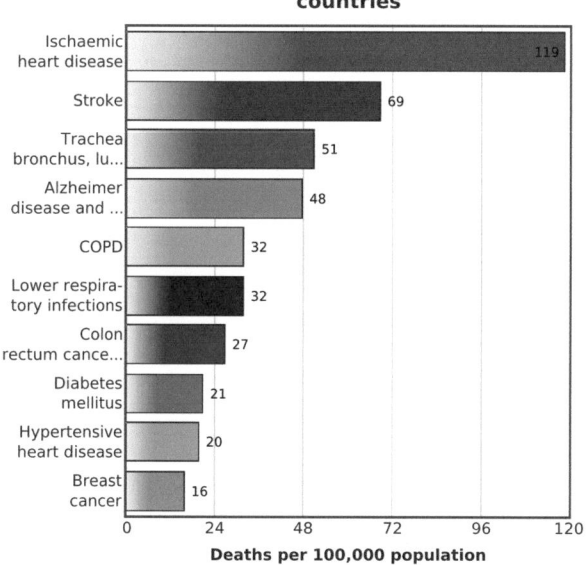

Abb. 5: Die 10 häufigsten Todesursachen in einkommensstarken Ländern (http://who.int/ mediacentre/factsheets/fs310/en/index1.html). Diese sind z. B.: Australien, Österreich, Belgien, Kanada, Kroatien, Tschechien, Dänemark, Finnland, Frankreich, Deutschland, Ungarn, Irland, Israel, Italien, Japan, England, USA. Zur vollständigen Liste vgl. *World Bank list of economies (July* **2012).** *Trachea bronchus, lu= Trachea bronchus, lung cancers. Alzheimer disease and= Alzheimer disease and other dementias. Colon rectum cance= Colon rectum cancers.* **COPD=** *Chronic Obstructive Pulmonary Disease.* **Mit der chronischen obstruktiven Lungenerkrankung bezeichnet man die Kombination bestehend aus einer chronisch-obstruktiven Bronchitis und eines Lungenemphysems. Als häufigste Ursache einer COPD gilt das Zigarettenrauchen (www.who.int/respiratory/copd/en/).**

Trotz erheblicher Zunahme der Lebenserwartung hat sich jedoch der Gesundheitszustand von älteren Menschen und somit ihre „gesunde" Lebensspanne nicht verlängert. Im Durchschnitt leiden 80% der über 65-Jährigen mindestens an einer, 50% der über 65-Jährigen mindestens an zwei der folgenden Krankheiten: abdominale Fettleibigkeit, T2D, chronische untere Atemwegserkrankung (CLRD; *Chronic Lower Respiratory*

Diseases), Alzheimer, Herz- und zerebrovaskuläre Krankheiten und Krebs (Omodei, Fontana 2011). Gemäß der *International Diabetes Federation* (IDF) erkrankten an T2D im Jahre 2010 weltweit 285 Millionen Menschen, wovon über 70% aus entwickelten Ländern stammten, für 2030 wird eine Zunahme auf über 400 Millionen Betroffene geschätzt (Rawal et al. 2012).

T2D und äußere Einflüsse wie chronischer Stress, Rauchen, Alkoholkonsum, Essge-wohnheiten und Bewegungsmangel gelten als wichtigste Ursachen für die mit fort-schreitendem Alter zunehmende systolische Hyperthonie[9] (Rensing, Rippe 2014, S. 109). Stott und Bowman (2000) konnten nämlich zeigen, dass der Blutdruck von älteren Menschen aus ländlichen Regionen oder unterentwickelten Ländern keine erhöhten Werte zeigte. Ebenso stellten sie fest, dass der Blutdruck von Menschen, die aus unterentwickelten in entwickelte Länder migrierten, einen deutlichen Anstieg verzeichnete, was die Autoren auf eine Veränderung der Ernährung, Bewegungsreduk-tion und erhöhten Stress zurückführen.

2.4 Ernährung und Typ-2-Diabetes

Cordain et al. (2005) führen einen Großteil der in „Überflussgesellschaften" auftreten-den „Zivilisationskrankheiten"[10], auf einen Zwiespalt zwischen evolutionär erworbener genetischer Anpassung und den heutigen Aktivitäts- und Ernährungsmuster zurück. Insbesondere die heutige industrielle Herstellung und Modifikation von Nahrungsmit-teln hätte zu erheblichen Veränderungen von 1) Zuckergehalt, 2) Fettsäure-Zusammensetzung, 3) Makronährstoff-Zusammensetzung, 4) Gehalt an Mikronährstof-fen, 5) Säure-Base-Gleichgewicht, 6) Natrium-Kalium-Gleichgewicht und 7) Ballast-stoffgehalt geführt. Diese erst seit dem Neolithikum und der industriellen Fertigung

---

[9]   Zwischen dem 30. und 80. Lebensjahr kommt es zu einer Erhöhung des systolischen Blutdrucks (Isolierte systolische Hyperthonie). Der diastolische Blutdruck zeigt eine Erhöhung bis zum 50. Le-bensjahr, sinkt dann aber zwischen dem 60. bis 80. Lebensjahr langsam wieder ab (Pinto 2007).

[10] Betroffen sind 50-65% der adulten Population der Industriestaaten, während unter heute lebenden Jäger- und Sammlergesellschaften und weniger *„westlich beeinflussten"* Bevölkerungsgruppen keine oder wenige der sogenannten *„Zivilisationskrankheiten"* auftreten (Cordain et al. 2005).

vor 10.000/100 Jahren einsetzende Umweltveränderung ergäbe einen zu kurzen Zeitraum, um evolutionäre Anpassungen daran zeigen zu können, und resultiere heute in einem hohen Auftreten von Übergewicht, Bluthochdruck, Typ-2-Diabetes und Herz-Kreislauf-Erkrankungen (Cordain et al. 2005).

Slyper (2013) diskutiert in einem Übersichtsartikel basierend auf den Ergebnissen von Meta-Studien den Einfluss der Kohlenhydratqualität auf kardiovaskuläre Krankheiten, Übergewicht und Typ-2-Diabetes. Darin konnten deutliche Belege dafür angeführt werden, dass die Qualität von Kohlenhydraten durch Faktoren wie Ballaststoffgehalt, Vollkornbasis, glykämischer Index[11], Gehalt an Antioxidantien und Fruktosegehalt erhebliche Einflüsse auf kardiovaskuläre Krankheiten, Typ-2-Diabetes und Fettleibigkeit haben. Zu ähnlichen Ergebnissen kommen auch die ebenfalls auf vielen Einzel- und Meta-Studien basierenden Auswertungen von Khazrai et al. (2014) und Merlotti et al. (2014). Hohe Evidenzen für präventive Ernährungsmaßnahmen gegen Typ-2-Diabetes messen sie z. B. der mediterranen[12], vegetarischen oder veganen Ernährung bei. Neben der Empfehlung für sportliche Betätigung und der Reduzierung des Körpergewichts werden ähnliche Ernährungsrichtlinien von der *American Diabetes Association* (ADA), der *Diabetes and Nutrition Study Group* (DNSG), *der European Association for the Study of Diabets* (EASD), der *Diabetes UK* (Khazrai et al. 2014) und von der Deutschen Diabetes Gesellschaft (DDG) herausgegeben (Nationale Versorgungsleitlinie Therapie des Typ-2-Diabetes, DDG).

---

[11] Der glykämische Index (GI) gibt an, wie stark kohlenhydrathaltige Nahrungsmittel den Blutzuckerspiegel im Vergleich zu Glukose erhöhen (Jochum 2013).

[12] Mediterrane Ernährung basiert auf Vollkornprodukten, Hülsenfrüchten, Gemüse, Früchten, einfach ungesättigten Fettsäuren (Olivenöl), geringen Mengen an Geflügel, Fisch, Milchprodukten, Rotwein und sehr geringen Mengen an rotem Fleisch (Khazrai et al. 2014).

Wenn Sie einem Bauern, der in Navrongo oder jeder anderen ähnlich armen Region der Welt Subsistenzwirtschaft betreibt, erklären wollten, wer hungere, lebe länger, dann hätten Sie im besten Falle ein mitleidiges Kopfschütteln zu erwarten.

Tom Kirkwood, Zeit unseres Lebens

3 Kalorien- und Nahrungsrestriktion

Aufbauend auf verschiedenen Entdeckungen des frühen 20. Jahrhundert hat sich in den letzten 20-30 Jahren der Bereich der Forschung um die Kalorienrestriktion enorm ausgeweitet[13]. 1994 bildete sich sogar eine *„Calorie Restriction Society International"* mit inzwischen ca. 7.000 Mitgliedern (gemäß der *CR-Society* wird geschätzt, dass weltweit ca. 100.000 Menschen diese Diät-Form praktizieren), die ihre Ernährungs- und Lebensweise gemäß den Forschungsergebnissen der Kalorienrestriktion an Modellorganismen gestalten. Auslöser für die Entwicklungen in diesem Bereich waren z. B. die Entdeckungen der verschiedenen Effekte des intermittierenden Fastens bei *Drosophila* von Stefan Kopeć im Jahre 1928. Er konnte zeigen, dass intermittierende Hungerphasen die Lebensspanne der Fliegen verlängerte (Kopeć 1928). Auch wenn seine fastenden Fliegen nur um 2% länger lebten, trugen seine Experimente zu einer weiteren Entwicklung des heutigen Forschungsbereichs bei. 1935 berichtete Clive McCay davon, dass seine intermittierenden Fütterungsversuche an Ratten die Lebensspanne dieser fast auf das Doppelte verlängerte (McCay 1935). Seitdem konnten ähnliche Ergebnisse in weiteren Studien mit ähnlichen Verfahren bestätigt werden. Inzwischen wurden vergleichbare Effekte bei vielen anderen Organismen darunter Hefen, Würmern, Spinnen, Käfern, Fischen, Mäusen und Hunden entdeckt (Gems, Partridge 2013).

Unter Kalorienrestriktion versteht man allgemein die reduzierte Aufnahme von Kalorien aus Kohlenhydraten, Fetten oder Proteinen unter Beibehaltung einer adäquaten Vitamin- und Mineralstoffzufuhr (Speakman, Mitchell 2011).

---

[13] Vgl. Gutwald 2009 S. 59; Stichwort *„caloric restriction"* ergab in PubMed am 5.7.2009 1.509 Veröffentlichungen. Am 16.04.2014 waren es 5.845 Veröffentlichungen.

Eine an molekularen Effekten beim Menschen ausgerichtete Definition besagt, dass die Kalorienrestriktion zu einer Verminderung der Insulin/IGF-1-Pegel im Blutserum führt, wodurch AMP-Kinasen aktiviert werden, welche die Erhöhung der NAD-Level und die Produktion von SIRT1 initiieren (Rafaeloff-Phail et al. 2004). Das künstliche Nährstoffdefizit erzeugt speziesübergreifend einen katabolen Stoffwechsel der z. B. ein langsameres und geringeres Zell- und Körperwachstum und eine optimierte Energieeffizienz bewirkt (Gerhart-Hines et al. 2011).

Der Energiebetrag einer normokalorischen Ernährung liegt für den durchschnittlichen menschlichen Erwachsenen bei 2000 Kcal/Tag und beruht auf einer von der WHO im Jahre 1985 ausgegebenen Ernährungsempfehlung (WHO 1985). Als Fasten bezeichnet man im Allgemeinen eine kurzzeitig stark reduzierte Ernährung mit maximal 500 Kcal/Tag, und als Kalorienrestriktion eine länger anhaltende aber mildere Ernährungsphase mit 500-1500 Kcal/Tag, wodurch der Körper gezwungen ist, sich seiner Reserven zu bedienen (Boschmann, Michalsen 2013; Wilhelmi de Toledo et al. 2013).

Das Standardverfahren der Kalorienrestriktion bei Modellorganismen ist die *ad libitum* (AL) Fütterung der Kontrollgruppe und eine davon um ca. 20-40% reduzierte Fütterung der Restriktionsgruppe (Piper, Bartke 2008). Das Ernährungsprotokoll für Nagetiere und Rhesusaffen gestaltet sich somit unproblematisch, da pro Tier und Tag abgewogene Futterrationen verabreicht werden können. Das Ernährungsprotokoll für Fliegen unterscheidet sich jedoch von diesem. Erstens werden Fliegen wegen der hohen Individuenzahlen in Restriktionsstudien nicht einzeln gehalten und zweitens konnte gezeigt werden, dass ähnliche Fütterungsverfahren bei Fliegen bezüglich einer Verlängerung der Lebensspanne keine Veränderungen zeigten (Le Bourg, Medioni 1991). Einen ersten Erfolg brachte erst die Verdünnung des Nährmediums, welches den Fliegen permanent zur Verfügung steht. Kritiker dieser Methode vermuteten aber, dass die Fliegen verdünnte Nahrung einfach durch eine höhere Aufnahme derselben kompensierten. Eine dazu angefertigte Studie erfasste die tatsächlich konsumierte Nahrungsmenge der Fliegen anhand der Anzahl markierter Ausscheidungsprodukte. Ihren Beobachtungen nach kompensierten die Fliegen die Verdünnung der Nahrung durch höheren Konsum jedoch nicht (Min, Tatar 2006). Für Bass et al. (2007) liegt ein weiterer Beweis dafür darin, dass die Reproduktionsraten von Fliegen auf verdünnten Nährmedien entsprechend ihrem Verdünnungsgrad niedriger ausfallen.

Für *C. elegans* existieren acht verschiedene Methoden der Kalorienrestriktion, die seine Lebensspanne alle unterschiedlich beeinflussen. Standardmäßig wird seine Futterquelle bestehend aus *E. coli* Bakterien verdünnt, aber es kommen auch genetische Mutationen (*eat-2*) zum Einsatz, die bewirken, dass sich die pharyngeale Pumpleistung verringert und somit die Nahrungsaufnahme des Wurms nachlässt (Greer, Brunet 2009). Ob es sich um verdünnte Nährmedien oder rationierte Futtermengen handelt, bei allen Ernährungsprotokollen wird darauf geachtet, dass die Tiere ständig mit den für sie wichtigen Vitaminen, Spurenelementen und Mineralstoffen versorgt sind. Seit den Versuchen von McCay ging man zwar davon aus, dass die lebensverlängernden Effekte nur auf die Reduzierung der Gesamtkalorienzahl zurückgehen, seit jüngerer Zeit nimmt man aber an, dass nicht die Kohlenhydrat- oder Fettreduktion[14] sondern die Proteinreduktion[15] sich positiv auf die Lebensspanne, zumindest bei Nagetieren und Insekten, auswirkt (Trepanowski et al. 2011). Für diese beiden Gruppen wurde nämlich nachgewiesen, dass für die Effekte bei Fliegen (Grandison et al. 2009) und Nagetieren (Miller et al. 2005a; Caro et al. 2009) nur die Aminosäure Methionin und bei Ratten nur Tryptophan (Ooka et al. 1988) an der Modellierung der Lebensspanne und der Fertilität beteiligt sind[16]. Des Weiteren fanden Libert und Pletcher (2007), dass alleine schon die Manipulation der olfaktorischen Neuronen oder Geschmacksneuronen, unabhängig des Nahrungskonsums, die Lebensspanne von Nematoden und Fliegen verlängern konnte. Libert et al. (2007) vermuten, dass chemosensorische Reize ebenfalls in den Insulinsignalweg integriert werden.

---

[14] Vgl.: Sanz et al. 2006a; Sanz et al. 2006b
[15] Vgl.: Pamplona, Barja 2006
[16] Jede Spezies muss die für sie spezifischen essenziellen Aminosäuren aus ihrer Nahrung beziehen. Unzureichende Mengen nur einer essenziellen Aminosäure in der Nahrung kann die Proteinsynthese sowie enzymatische und Transportfunktionen stören. Der erwachsene Mensch muss z. B. die acht essenziellen Aminosäuren: Isoleucin, Leucin, Lysin, Methionin, Phenylalanin, Threonin, Tryptophan und Valin mit seiner Nahrung zu sich nehmen. Die Stoffwechselstörung der Phenylketonurie, hier liegt eine erhöhte Konzentration der Aminosäure Phenylalanin vor, weist darauf hin, welche Auswirkungen der Überschuss einer einzigen Aminosäure haben kann (Sadava et al. 2011, S. 1414-1415).

Eine weitere Form der Nahrungsrestriktion ist das intermittierende oder alternierende Fasten[17] (*every-other-day-feeding*). Je nach Spezies und Versuchsprotokoll können die Fütterungsrhythmen in Zeitabständen von mehreren Stunden oder Tagen variieren. Obwohl die Tiere während der Fütterungsphasen in manchen Fällen so viel Nahrung zu sich nehmen, dass sie am Ende einer Woche die gleiche oder in manchen Fällen sogar eine höhere Kalorienmenge als die Kontrollgruppe aufgenommen haben, zeigen sich trotzdem Hungerstressbedingte gesundheitlich positive und lebensverlängernde Effekte (Piper, Bartke 2008).

Ein wichtiges Kriterium bei der Wahl einer als Modellorganismus dienenden Spezies ist ihre Kurzlebigkeit. So ist z. B. der Prachtgrundkärpfling *Nothobranchius furzeri* aufgrund seiner nur wenige Monate dauernden Lebensspanne zum Modellorganismus für Vertebraten avanciert. Vorwiegend in Kalorienrestriktionsstudien verwendet werden noch weitere kurzlebige Spezies wie *C. elegans* (2-3 Wochen), *Drosophila* (1-2 Monate), Mäuse oder Ratten (ca. 3 Jahren). Im Gegensatz dazu gestalten sich Studien, wie die seit 1987 laufende Primatenstudie am *National Institute on Aging* (NIA), als extrem langwierig und kostspielig (Colman et al. 2014)[18]. Langzeitstudien an Menschen können experimentell kaum realisiert werden. Neben dem Kosten- und Gesundheitsaspekt ist auch z. B. wegen geschlechts- und altersspezifisch enorm divergierender Stoffwechselraten unklar, welche Reduktionen für Menschen angemessen sind (Lee et al. 2001). Neben der Möglichkeit, Analogieschlüsse aus Ergebnissen mit Modellorganismen zu bilden, bietet es sich auch an, Erkenntnisse aus NR-ähnlichen (historisch oder klimatisch bedingten) Gegebenheiten (Kapitel 3.3) zur Bestimmung der Auswirkungen einer NR beim Menschen heranzuziehen. Solche können z. B. sein: Hungersnöte, Leben in nördlichen Breiten, *the Okinawan diet* oder der bis zu sieben Jahre langen Studien aus Selbstversuchen der *CR-Society*-Mitglieder. Auch liegen bereits einige Daten aus Kurzzeitstudien mit Erfassung vieler relevanter physiologischer und krinologischer Werte vor.

---

[17] Die in der vorliegenden Arbeit diskutierten Effekte der Kalorienrestriktion basieren hauptsächlich auf Versuchsprotokollen mit dauerhafter 20-40%iger Restriktion.

[18] Mit der Studie von Colman (2014) liegt das derzeit aktuellste Update der Ergebnisse seit Beginn der Studie vor.

Weil der Insulin/IGF-1-Signalweg als Energie- oder Kaloriensensor eine zentrale Rolle für Wachstum, Reproduktion und Langlebigkeit bei Säugetieren einnimmt, wird in Verbindung mit Studien am Menschen meist der Ausdruck Kalorienrestriktion (*caloric restriction*) verwendet. Da aber noch nicht für alle Spezies abschließend geklärt ist, welche Kalorienträger und sonstigen Nahrungsbestandteile im Speziellen für die Effekte der Kalorienrestriktion verantwortlich sind, wird in Verbindung mit Modellorganismen eher der Ausdruck Nahrungsrestriktion gebraucht (Masoro 2006). Aus diesen Gründen wird im weiteren Verlauf dieser Arbeit der Ausdruck Nahrungsrestriktion (*dietary restriction*) statt Kalorienrestriktion für alle Spezies verwendet[19].

3.1 Lebenserwartung und maximale Lebensspanne

Im Allgemeinen bezeichnet man mit dem Begriff der maximalen Lebensspanne den arttypischen und biologisch determinierten Zeitraum, der unter Ausschluss von Umweltfaktoren maximal erreichbar ist (Thieme 2008, S. 213). Viele Erkenntnisse über den Einfluss bestimmter Gene und ihrer Produkte auf Stoffwechselmechanismen bei Modellorganismen wurden durch das gezielte Kreuzen oder durch *Gene-Targeting*, bei dem die Expression bestimmter Gene ausgeschaltet (*knock-out*) oder erhöht wird (*knock in*), gewonnen. Dadurch konnten viele der an den Mechanismen der Nahrungsrestriktion beteiligten Gene, ihrer Enzyme und Hormone entdeckt und so die Kaskade der Signalwege erklärt werden (vgl. Fontana et al. 2010; Gems, Partridge 2013; Kenyon 2010). Mutationen an einigen dieser Bestandteile führen jedoch oft zu enorm verlängerten Lebensspannen der betroffenen Modellorganismen (vgl. Abb. 6 S. 28 und Oliveira-Arantes et al. 2003) über ihre natürlich evolvierte Lebensspanne hinaus.

---

[19]   In Anlehnung an Flatt, Heyland 2013, S. 180

	Life-span increase	
	Dietary restriction	Mutations/ drugs
Yeast	3-fold	10-fold (with starvation/ DR)
Worms	2- to 3-fold	10-fold
Flies	2-fold	60–70%
Mice	30–50%	30–50% (~100% in combination with DR)
Monkeys	Trend noted	Not tested
Humans	Not determined	Not determined (GHR-deficient subjects reach old age)

Abb. 6: Vergleich Verlängerung der Lebensspanne durch Nahrungsrestriktion bei unterschiedlichen Spezies (Fontana et al. 2010).

Die unter Laborbedingungen durchgeführte Nahrungsrestriktion simuliert Umweltbedingungen mit Nahrungsknappheit. Die Modellorganismen reagieren auf die NR mit
spezifisch für ihre Art adaptierten physiologischen Reaktionen, nämlich mit der
Verlängerung der mittleren Lebensspanne zum Überdauern der Hungerperiode und
einer akuten Minderung der Reproduktionsrate. Es kann aber immer nur eine Verlängerung höchstens bis hin zur speziesspezifisch biologisch festgelegten, maximalen
Lebensspanne gemeint sein. Der Ausdruck „Verlängerung der Lebensspanne" wird in

den entsprechenden Studien aber gleichermaßen verwendet, seine Bedeutung ergibt sich dann nur aus dem Zusammenhang[20].

Der Begriff „maximale Lebensspanne" ist ein evolutionär plastischer Begriff. Veränderte Umweltbedingungen wie die NR haben das Potential andere Phänotypen zu „wecken", können die evolutionäre Anpassung der Spezies mit ihrer gegebenen maximalen Lebensspanne aber nicht verändern. Genetische Interventionen oder die Evolution selbst können die maximale Lebensspanne sehr wohl verlängern, denn sie haben das Potential den Genotyp zu verändern und damit die Adaptation selbst zu beeinflussen[21].

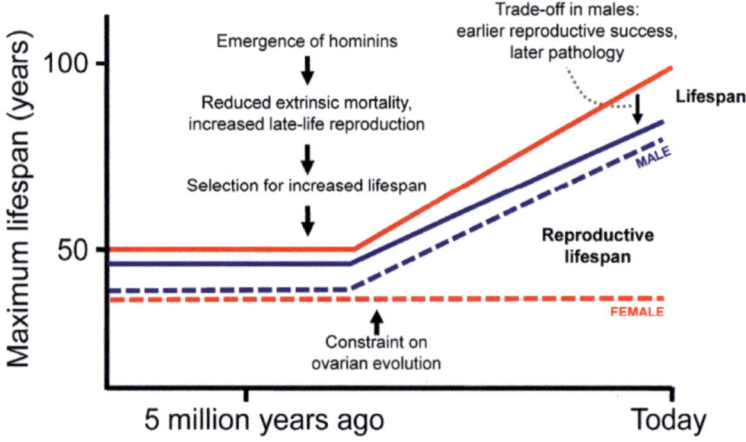

Abb. 7: Die Evolution der Lebensspanne von *Homo sapiens* (Gems 2014) (Oberste durchgezogene Linie und unterste gestrichelte Linie = Females. Mittlere beiden Linien = Males.)

Innerhalb von NR-Studien ist man deshalb dazu übergegangen von einer Verlängerung der *mean lifespan* oder der *healthy lifespan* zu sprechen. Die maximale Lebensspanne ergibt sich aus der durchschnittlichen Lebensdauer von 10% derjenigen Tiere, die am

---

[20] Vgl. z. B. Oliveira-Arantes et al. (2003) "...mutations, can double the life-span of the animal" oder "...this life-span extension is not a result of sterility" und Fontana et al. (2010) "...dietary restriction, a reduction in food intake without malnutrition, extends lifespan of diverse organisms".

[21] Die evolutionär festgelegte, maximale Lebensspanne beträgt für rezente Orang-Utans 58,7 Jahre, für Gorillas 54 Jahre, für Bonobos 50 Jahre, für Schimpansen 53,4 Jahre und für unseren letzten gemeinsamen Vorfahren wird sie auf 45-50 Jahre geschätzt (Robson, Wood 2008). Eine theoretische Schätzung der maximalen Lebensspanne des rezenten Menschen liegt bei 126 Jahren (Weon, Je, 2009).

ältesten werden (Metaxakis, Partridge 2013). Wird durch eine NR eine Erhöhung der mittleren Lebensspanne erreicht, erhöht sich somit dann natürlich auch die so definierte maximale Lebensspanne. Wenn im Folgenden von einer Verlängerung der Lebensspanne oder der maximalen Lebensspanne die Rede ist, so ist dieser Gebrauch immer im Sinne von der von Metaxakis und Partridge (2013) benutzten Definition zu verstehen. Diese Definition unterscheidet sich von dem Begriff der Lebenserwartung. Gemäß dem Bundesinstitut für Bevölkerungsforschung (BIB) gibt die Lebenserwartung an, „…wie viele Jahre ein Mensch unter den Sterblichkeitsverhältnissen des betreffenden Kalenderjahres im Durchschnitt noch zu leben hat". In dieser Arbeit wird der Begriff Lebensspanne nach Metaxakis und Partridge (2013) bevorzugt für Modellorganismen verwendet, wogegen der Begriff Lebenserwartung eher im Zusammenhang mit dem Menschen benutzt wird.

Ein zentraler Ausgangspunkt der vorliegenden Arbeit ist, dass die verschiedenen Spezies an Hungerperioden angepasst sind und eine Nahrungsrestriktion ihre arttypischen Reaktionen hervorbringt. So kann die Nahrungsrestriktion als Anpassungsmerkmal evolutionsmethodisch untersucht werden. Aufgrund dessen werden in der vorliegenden Arbeit meistens nur die durch Nahrungsrestriktion ausgelösten physiologischen und molekulargenetischen Effekte besprochen. Die durch Mutationen oder andere genetische Interventionen hervorgebrachten Effekte, welche u. a. dazu dienen, Umwelteinflüsse zu simulieren und dadurch helfen, verantwortliche Gene oder deren Produkte ausfindig zu machen und so ihre Regelkreise zu verstehen, sollen nicht weiter besprochen werden.

3.2 Physiologische Wirkungen der Nahrungsrestriktion

Die von den meisten Spezies geteilten kurz- bis langfristigen Auswirkungen der Nahrungsrestriktion lassen sich im Prinzip in vier Kategorien aufteilen:

1. Verlängerung der Lebensspanne,
2. Reduzierung altersbedingter Krankheiten,
3. Reduktion der Reproduktionsrate,
4. Erhöhung der Stressresistenz.

Die Verlängerung der Lebensspanne und viele andere physiologische Auswirkungen der Nahrungsrestriktion konnten bei den unterschiedlichen Spezies nachgewiesen werden. Doch erst in der Gruppe der Säugetiere lassen sich deutliche, für den Menschen relevante Auswirkungen der Nahrungsrestriktion erkennen, die einen größeren Komplex der Gesundheit betreffen. In diesem Kapitel soll ein Überblick über die verschiedenen physiologischen Auswirkungen der Nahrungsrestriktion bei unterschiedlichen Spezies aufgezeigt werden. Die molekularen Mechanismen der einzelnen, durch eine Nahrungsrestriktion aktivierten oder gehemmten Signalwege (Insulin, FOXO, TOR), werden im Kapitel 4 besprochen.

3.2.1 S. cerevisiae

Die einzellige, eukaryotische Hefe *S. cerevisiae* ist wegen ihrer kurzen Lebensdauer und einfachen Haltung ein geeigneter Modellorganismus und ist genetisch und metabolisch leicht zu manipulieren. Eine Nahrungsrestriktion wird bei der Hefe entweder durch die Reduktion von Glukose oder durch die Reduktion von Aminosäuren durchgeführt. Durch eine Reduzierung der Glukosemenge der Nahrung von 2% auf 0,5% verlängert sich die replikative und chronologische Lebensspanne der Hefe (Jiang et al. 2000). Die chronologische Lebensspanne verlängert sich dabei bis zu dem dreifachen (Fabrizio, Longo 2003). Unter der replikativen Lebensspanne bezeichnet man die Anzahl der von einer Mutterzelle produzierten Tochterzellen, bevor eine seneszenzbedingte Ruhephase erreicht wird. Diese Zuteilung gilt für mitotisch aktive Hefezellen. Mit der chronologischen Lebensspanne bezeichnet man die Länge der Zeit, die eine Mutterzelle in einer nicht-teilenden, postmitotischen Phase überlebt (Steffen 2009). Allgemein durchlaufen Bakterien, Hefen und Metazoen-Zellen in ihren Anfangsphasen die replikative Alterung und in späteren Phasen die chronologische Alterung (Balázsi 2010).

Wichtige Gene und Hormone, die zur Verlängerung der Lebensspanne der Hefe Beitragen, sind *SIR2*, *HST2*, TOR, PKA und SCH9 (SCH9 ist eine Proteinkinase und ortholog zur S6K-Proteinkinase bei Würmern, Fliegen und Säugetieren) (Masoro, Austad 2011, S.12). Während einer Nahrungsrestriktion führt die Abnahme der TOR-, PKA- und SCH9-Kinasenaktivität zu einer Minderung der Ribosomen-Biogenese und des Zellwachstums. Dagegen erhöht die Nahrungsrestriktion die Autophagie und die Aktivität der Stressreaktions-Signalwege, zu denen die FRSE (*free radical scavenging enzymes*) gehören (Steinkraus et al. 2008). Ein weiterer physiologischer Effekt der Nahrungsrestriktion, der wesentlich an der Verlängerung der Lebensspanne bei der Hefe und auch bei anderen Organismen wie *C. elegans*, Nagetieren und beim Menschen beteiligt ist, ist die erhöhte Effizienz des Sauerstoff-Metabolismus, der wiederum auf eine Erhöhung der Mitochondrienbiogenese zurückgeht (Tahara et al. 2013). Tahara konnte zeigen, dass die Nahrungsrestriktion bei der Hefe einen früher einsetzenden, schnelleren und effizienteren Metabolismus der an der Zellatmung beteiligten Einheiten fördert, was als zentraler Mechanismus für die Verlängerung der Lebensspannen bei den unterschiedlichen Organismen angesehen wird (Tahara et al. 2013).

3.2.2 C. elegans

Anders als bei der einzelligen Hefe besteht bei Metazoen wie dem Nematoden *C. elegans* die Möglichkeit, die Effekte einer Nahrungsrestriktion in unterschiedlichen Zellverbänden oder Organen, wie z. B. im Nerven- oder Verdauungssystem, zu untersuchen. Für *C. elegans* existieren mindestens acht unterschiedliche Verfahren der Nahrungsrestriktion, welche seine Lebensspanne zu unterschiedlichen Anteilen verlängern (Greer, Brunet 2009) Aber auch bei allen anderen Modellorganismen konnte gezeigt werden, dass verschiedene NR-Verfahren zur Aktivierung unterschiedlicher Signalwege führen (Masoro, Austad 2011, S.14). Unter gewöhnlichen Bedingungen wird *C. elegans* bis zu 3 Wochen alt. Im Alter zeigt der Wurm eine Abnahme der Mobilität, der Chemotaxis, der Reproduktivität und eine erhöhte Anfälligkeit gegenüber Infektionen (Kaletsky et al. 2010). Setzt man die Nematoden durch Verdünnung ihres Nährmediums (mit *E. coli* besetztes Agarmedium) unter Nahrungsrestriktion, verlängert sich ihre Lebensspanne um das zwei- bis dreifache. Lässt man die Würmer ab dem achten Tag nach Erreichen des Erwachsenenalters unter einer „0-Diät" hungern, verlängert sich ihre Lebensspanne immer noch um 50%, während ihre Fertilität, ganz im Gegensatz zu anderen Organismen, kaum eingeschränkt ist (Kaeberlein et al. 2006). Reduziert man die Aktivität des Il-Signals von *C. elegans* während der L1- bis L2-Phase seiner Entwicklung, z. B. durch Nahrungsrestriktion, Hitze oder zu hoher Populationsdichte verfällt er in eine Diapause, die man „Dauer" nennt. Während dieses Stadiums ist seine Geschlechtsreife verzögert und seine Stressresistenz erhöht (Kaletsky et al. 2010). Des Weiteren werden Wachstum und Zellteilung gehemmt und der Wurm ist hochgradig resistent gegen oxidativen Stress und Hitzestress und kann so einige Monate ohne Nahrung überleben (Flatt, Heyland 2013, S. 285).

Bei *C. elegans* unter NR kann auch das Auftreten neurodegenerativer Erkrankungen und altersbedingter Krankheiten, wie z. B. Krebs, verringert werden (Jia, Levine 2007). Außerdem konnten Kauffman et al. (2010) zeigen, dass durch die NR eine Abnahme der Leistungsfähigkeit von Thermotaxis und Chemotaxis bei alternden Individuen verlangsamt wurde. Ebenso fanden sie heraus, dass die Abnahme des Erinnerungsvermögens bei adulten Individuen durch eine NR vermindert wird.

3.2.3 D. melanogaster

Ein Vorteil von *Drosophila* als Modellorganismus liegt darin, dass bei den Fliegen eine höhere Anzahl an differenzierteren Gewebetypen und zusätzlich Geschlechtsunterschiede vorliegen. So können bei *Drosophila* z. B. auch die Effekte der Nahrungsrestriktion auf die Fertilität der Weibchen untersucht werden. Aus bisher unbekannten Gründen verlängert die NR die Lebensspanne von Weibchen stärker als die Lebensspanne von Männchen, weswegen für die meisten DR-Protokolle Weibchen als Versuchstiere eingesetzt werden (Fontana et al. 2010). Bei *Drosophila* wie auch bei anderen Organismen wird beobachtet, dass die Nahrungsrestriktion zwar zu einer höheren Lebensspanne, dafür aber auch zu einer geringeren Fertilität führt (Partridge et al. 2005). Weitläufig besteht deshalb die Annahme, dass eine Nahrungsrestriktion in einer Umverteilung der Nährstoffe (*adaptive reallocation*) resultiert. Bei Nahrungsmangel investiert der Stoffwechsel statt in viele Nachkommen in verbesserte Instandhaltungs- und Schutzmechanismen des Körpers, wodurch die beobachteten längeren Lebensspannen zustande kommen (Holliday 1989).

Grandison et al. (2009) konnten aber zeigen, dass die Lebensspanne und die Fertilität bei *Drosophila* nur mit der Aminosäure Methionin beeinflusst werden kann. Dazu fügten sie der Nahrung der hungernden Fliegen Methionin bei. Die Fertilität erreichte daraufhin wieder das gleiche Niveau wie bei Fliegen unter *ad libitum* Fütterung. Die Länge der Lebensspanne blieb jedoch auf dem gleich hohen Niveau wie bei herkömmlicher Nahrungsrestriktion. Da das gemeinsame Vorkommen von längerer Lebensspanne und hoher Fertilität nicht mit der „Umverteilungs-Theorie" konsistent ist[22], gehen die Autoren eher davon aus, dass für eine lange Lebensspanne inklusive hoher Fertilität die Ausgewogenheit *aller* Nährstoffe und die Konzentration *bestimmter* Nährstoffe maßgeblich ist (Grandison et al. 2009).

Drosophila dient auch als Modellorganismus zur Untersuchung von neurodegenerativen Erkrankungen. So untersuchte Burger z. B. ob das im Alter abnehmende Lernvermögen bei *Drosophila* durch eine Nahrungsrestriktion gebremst werden kann. In der Studie zeigte sich aber als einziger positiver Effekt, dass sich zwar das 60-Minuten-Mittelzeitgedächtnis bei 5-Tage alten Fliegen verbesserte, dasjenige der 50-Tage alten Fliegen sich aber nicht veränderte (Burger et al. 2010). In einer weiteren Studie mit zwei Alzheimer-Mutanten wurde ebenfalls gezeigt, dass die zugrundeliegende molekulare Pathologie nicht verändert werden konnte und sich die neuronale Dysfunktion nicht verbesserte (Kerr et al. 2011). Burger hält es aber noch für möglich, dass sich ein

---

[22] Die *Resource-Allocation-Theory* und weitere Mechanismen, welche die Methionin-Kontroverse diskutieren, werden ausführlicher in Kapitel 5.1. besprochen.

Effekt mit anderen Lern-Studien, Restriktionsprotokollen oder anderen Fliegen-Stämmen zeigen könnte. Doch auch in weiteren Funktions- und Verhaltensstudien, z. B. bezüglich negativer Geotaxis (Bhandari et al. 2007) und der Resistenz gegen Kältestress (Burger et al. 2007), konnte gezeigt werden, dass die Nahrungsrestriktion hier keine messbaren Auswirkungen hat. Zusätzlich gehen Burger et al. (2009) bezüglich einer von Miwa et al. (2003) durchgeführten Studie zwar davon aus, dass eine NR die Produktion von ROS (*reactive oxygen species*) nicht beeinflusst, Zheng et al. (2005) zeigten aber, dass die NR die Konzentration von HNE (4-Hydroxynonenal), einem Marker von oxidativen Schäden in Lipiden, im perizerebralen Fettkörper verringern konnte.

Burger et al. (2010) bezweifeln aufgrund ihrer Ergebnisse, dass die Effekte auf eine Nahrungsrestriktion bei den unterschiedlichen Spezies einer evolutionären Konservierung unterliegen. Sie vermuten, dass entweder die Anpassung an Hungerperioden in unterschiedlichen Taxa einer konvergenten Evolution unterlag oder, dass die Nahrungsrestriktion zwar im Endeffekt die Lebensspanne der Organismen verlängert, die einzelnen Schritte dorthin, ihre funktionellen Phänotypen und zugrundeliegenden Mechanismen aber durchaus unterschiedlich sein könnten (Burger et al. 2010).

3.2.4 Nagetiere

Studien an Invertebraten liefern wichtige Hinweise zu homologen Gen- und Zellelementen bei Säugetieren, sind aber für Vergleiche bezüglich der Entwicklungsbiologie und der Biologie des Alterns wegen der großen evolutionären Distanz nur eingeschränkt nutzbar. Dagegen zeigen Nagetiere als Modellorganismen zwar eine größere Nähe zum Menschen, jedoch sind sie wegen der deutlich längeren Lebenszeiten von bis zu 3 Jahren (*Mus musculus*) für Nahrungsrestriktions-Studien auch erheblich kostspieliger, weshalb an ihnen oft nur die Kurzzeiteffekte einer Nahrungsrestriktion studiert werden. Maus und Ratte sind bis jetzt die einzigen Säugetiere, bei denen infolge einer NR eine Verlängerung der maximalen Lebensspanne nachgewiesen werden konnte.

Durch eine NR von 30-60% kann die Lebensspanne der Nagetiere um ca. 30-60% verlängert werden. Dabei ist es ausschlaggebend, dass die Restriktion kurz nach dem Abstillen erfolgt und für mindestens 6 Monate aufrecht erhalten bleibt. Erfolgt die Restriktion erst viel später nach dem Abstillen, zeigen sich erheblich geringere Auswirkungen auf die Lebensspanne (Fontana, Klein 2007). Entsprechend sind Mäuse und Ratten unter NR erheblich kleiner und leichter als *ad libitum* gefütterte Tiere, wenn mit der Intervention bereits kurz nach der Entwöhnungsphase begonnen wird (Kirkwood 2000, S.205). Die Verlängerung der Lebensspanne ist darauf zurückzuführen, dass das Auftreten altersbedingter und chronischer Krankheiten durch die Nahrungsrestriktion verzögert wird. Demzufolge sterben 28% der hungernden Tiere ohne einen Hinweis auf irgendwelche Organpathologien, wogegen es bei den *ad libitum*-Tieren nur knapp 6% sind (Fontana 2010). Methionin hat bei Nagetieren eine den von *Drosophiliden* gezeigte entgegen gesetzte Wirkung. Bei Ratten und Mäusen führt allein die Reduzierung von Methionin zu einer ca. 40%igen Verlängerung der Lebensspanne. Diese Tiere zeigen zu NR-Tieren insgesamt vergleichbare Phänotypen mit niedrigeren Insulin-, Glukose-, Thyroidhormon T4- und IGF-1-Pegel im Serum (Sun et al. 2009).

Neben den von Weindruch bereits 1996 beschriebenen physiologischen Effekten, wie niedrigere Blutglukosewerte, niedrigere Insulinpegel, höhere Insulinsensitivität und niedrigere Körpertemperatur (Weindruch 1996), sind bis heute besonders auf dem Gebiet der Krebs- und neurodegenerativen Erkrankungen weitere Auswirkungen erfasst worden. Bereits 1942 zeigte Albert Tannenbaum in seiner Studie *„The Genesis and Growth of Tumors"*, dass die unter Kalorienrestriktion gehaltenen Mäuse deutlich weniger Tumore bekamen und diese erst zu einem späteren Zeitpunkt auftraten als in der *ad libitum* gefütterten Kontrollgruppe (Tannenbaum 1942). Inzwischen ist die NR als Präventions- und Therapiemaßnahme gegen die Nebenwirkungen der Chemotherapie beim Menschen im Gespräch. Um die bereits durch eine Chemotherapie unter Gewichtsverlust leidenden Patienten keinem weiteren Gewichtsverlust auszusetzen, wurden die Effekte einer Kurzzeitrestriktion an Nagern untersucht. Safdie et al. (2009) konnten zeigen, dass die gesunden Zellen der fastenden Mäuse bereits bei einer Fastendauer von 48-60 Stunden einen erhöhten Schutz vor den Nebenwirkungen des

Chemotherapiemittels ETOPOSIDE aufwiesen, die Krebszellen selbst aber keinen erhöhten Schutz erhielten. Die Autoren erwägen die Möglichkeit, dass in Zukunft die durch viele Nebenwirkungen belastenden Chemotherapiemittel reduziert und mit einer Fastentherapie ergänzt werden können. 2012 bestätigten Lee et al. die positive Wirkung der Verbindung von kurzzeitigem Fasten und Chemotherapiemittel an Mäusen mit Neuroblastomen. Es zeigte sich, dass in gesunden Zellen, nicht aber in Krebszellen, aufgrund der Therapiemaßnahmen eine Umschaltung auf erhöhte Körperschutzfunktionen gegen oxidativen Stress und DNA-Schädigungen stattgefunden hatte, denn anders als in gesunden Zellen verhindern Onkogene der Tumorzellen die Aktivierung von Stressresistenzmechanismen (Lee et al. 2012).

Auch die Auswirkungen der NR auf kognitive Fähigkeiten und neurodegenerative Erkrankungen sind gut untersucht. Nagetiere unter NR schneiden gegenüber ihren *ad libitum* gefütterten Artgenossen im Alter deutlich besser in Lern-, Gedächtnis- und sensomotorischen Koordinations- und Verhaltenstests ab. In den Gehirnen der hungernden Tiere werden deutlich weniger oxidative DNA- und Protein-Schäden gefunden (Hermannstädter 2013, S. 9). Auch konnten die Symptome der Alzheimer-Krankheit durch die Nahrungsintervention verringert werden. So zeigte Wang, dass die Ablagerungen von Beta-Amyloid-Proteinen im Gehirn, welche man auch als senile Plaques bezeichnet, durch das Hungern reduziert werden (Wang et al. 2005).

Insgesamt zeigten Studien zur Nahrungsrestriktion an Nagetieren, dass sich das Auftreten von chronischen und altersbedingten Krankheiten wie Diabetes, Arterioskle-rose, Kardiomyopathie, Autoimmunschwäche, Nieren- und Lungenleiden, Krebs, Alzheimer, Parkinson und Schlaganfall verringerte (Fontana, Klein 2007).

3.2.5 Rhesusaffen

Viele beim Menschen bekannte altersbedingte Veränderungen lassen sich auch bei Primaten wie dem Rhesusaffen beobachten. Diese sind z. B. das Ergrauen und Verdün-nen der Haare, eine Umverteilung des Körperfettes, die Abnahme des Muskeltonus und der Hautelastizität. An altersbedingten Krankheiten können z. B. Diabetes,

Neoplasien, Sarkopenie und Knochenschwund beobachtet werden (Colman et al. 2014). Weitläufig bekannt aber kontrovers diskutiert sind zwei bestimmte Studien an Rhesusaffen (*Macaca mulatta*), da sie aufgrund ihrer Ergebnisse zu gegensätzlichen Schlussfolgerungen kommen. Nach Veröffentlichung der WNPRC-Studie (*Wisconsin National Primate Research Center*) von 2009 lautete der Konsens der öffentlichen Reaktionen „Fasten verlängert Leben von Primaten". Nach Veröffentlichung der NIA-Studie (*National Institut on Aging*) von 2012 hieß es hingegen „Fasten hat keinen Einfluss auf die Lebenslänge von Primaten". Betrachtet man nur die Ergebnisse jeder Studie für sich, mögen sie auch zu derart gegensätzlichen Annahmen verleiten. Die unterschiedlichen Ansätze beider Studien können allerdings schon die Diskrepanzen erklären helfen und außerdem in Kombination betrachtet zu verwertbaren Ergebnissen führen. Während z. B. die WNPRC-Studie ihrer Kontrollgruppe einen *ad libitum* Zugang zu ihrer Nahrung gewährte, war der Zugang zu Nahrung der Kontrollgruppe in der NIA-Studie in gewissem Maße bereits eingeschränkt. Die Nahrungszusammensetzung in der WNPRC-Studie war so gestaltet, dass *ad libitum*- und Restriktions-Tiere die gleiche, mit hohem Glukoseanteil, angesetzte Nahrung bekamen. In der NIA-Studie lag dagegen eine höhere Gewichtung auf gesunder und frischer Ernährung, trotzdem erhielten die hungernden Tiere noch zusätzlich eine größere Menge an Vitaminen. Da NR-Studien nur mit erwachsenen Menschen durchgeführt werden, verwendete das WNPRC ebenfalls ausschließlich erwachsene Tiere, um so eine bessere Übertragbarkeit der Ergebnisse zu gewährleisten.

Unterschiede der wichtigsten Faktoren der NIA- und der WNPRC-Studie:

	NIA-Studie (Mattison et al. 2012)	WNPRC-Studie (Colman et al. 2009)
Beginn der Studie	1987	1989
Anzahl der Tiere	120	76
Alter der Tiere bei Beginn der Studie	1-14 Jahre	8-14 Jahre
Nahrungsherkunft	Aus natürlich belassenen Bestandteilen; frische Nahrung	Aus industriell verarbeiteten Bestandteilen (Labortiernahrung; Harlan Teklad)
Nahrungskomposition	15% Proteine, 5% Fett, 7% Ballaststoffe, 62% Kohlehydrate (davon Saccharose ca. 6%)	15% Proteine, 10% Fett, 5% Ballaststoffe, 65% Kohlehydrate (davon Saccharose ca. 46%)
Vitamin-/Mineralstoffzusätze	Kontroll- und Restriktionsgruppe: +40%	Kontrollgruppe: keine Zusätze Restriktionsgruppe: +30%
Restriktionsanordnung	Kontrollgruppe: Begrenzte Zufuhr; erhielten weniger als Kontrollgruppe der WNPRC-Tiere Restriktionsgruppe: 30% Restriktion	Kontrollgruppe: *ad libitum* Restriktionsgruppe: 30% Restriktion

Tabelle 1: Die wichtigsten Ergebnisse der beiden Primatenstudien zusammengefasst aus Mattison et al. 2012; Masoro, Austad 2011, S. 449.

Vergleich der Ergebnisse beider Studien anhand der aktuellsten Auswertung der WNPRC-Studie von 2014:

	NIA-Studie (Mattison et al. 2012)	WNPRC-Studie (Colman et al. 2014)
Sterblichkeits- risiko, Krankheitsrisiko	Keine signifikanten Unterschiede beider Gruppen feststellbar	Kontrollgruppe 2,9-fach höheres Krankheitsrisiko und 3-fach höheres Sterblichkeitsrisiko
Tod durch altersbedingte Krankheiten	24% (11/46) der Kontrollgruppe 20% (8/40) der Restriktionsgruppe (Angaben nur für *young-onset*-Tiere)	63% (24/38) der Kontrollgruppe 26% (10/38) der Restriktionsgruppe
Neoplasien	*Young-onset*-Tiere der Restriktions-gruppe: keine *Old-onset*-Tiere beider Gruppen: 50/50	Restriktionsgruppe zeigte 50% weniger als Kontrollgruppe
Diabetes	In beiden Gruppen gering	Kontrollgruppe: 5 Tiere betroffen, 11 Tiere zeigten Prädiabetes Restriktionsgruppe: keine Beeinträchti- gungen der Glukose-Homöostase
Kardiovaskulä- re Krankheiten (KVK)	Kontrollgruppe: 5 Tiere starben an KVK Restriktionsgruppe: 8 Tiere starben an KVK	In Restriktionsgruppe 50% weniger
Mediane Lebensspanne (Für Rhesusaf- fen außerhalb der Studien: 26-27 Jahre)	Restriktionsgruppe=Kontrollgruppe Männchen: 35,4 Jahre Weibchen: 27,8 Jahre Jedoch wurden bis 2012 4 Affen der NR- Gruppe und 1 Affe der *ad libitum*-Gruppe älter als 40 Jahre.	Restriktionsgruppe: 28 Jahre Kontrollgruppe: 26 Jahre

Tabelle 2: Die wichtigsten Ergebnisse der beiden Primatenstudien zusammengefasst aus Mattison et al. 2012; Colman et al. 2014.

Dass hinsichtlich der Überlebensrate zwischen Kontroll- und Restriktionsgruppe der NIA-Studie kaum ein Unterschied vorliegt, erklären Colman et al. (2014) damit, dass die Kontrollgruppe bereits eingeschränkt gefüttert wurde und so ein Vorteil der NR nicht deutlich wurde. Dazu kam, dass 1 Tier der Kontrollgruppe und 4 Tiere der Restriktionsgruppe über 40 Jahre alt wurden[23], was für eine gute Nahrungszusammenstellung und einen deutlichen Effekt der eingeschränkten Fütterung beider Gruppen spricht (wie auch in Abb. 8 S. 41 verdeutlicht wird).

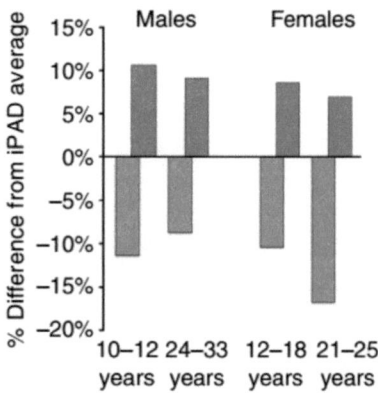

Abb. 8: Abweichung der Gewichtsunterschiede der Kontrollgruppen von NIA- und WNPRC-Rhesusaffen zu Tieren gleichen Alters und Geschlechts der iPA-Datenbank (internet Primate Ageing Database, *n*=878). Die Kontrollgruppe der NIA-Rhesusaffen (hängende Balken) waren im Durchschnitt ca. 10% leichter, die Kontrollgruppe der WNPRC-Rhesusaffen (stehende Balken) ca. 8% schwerer als der Gesamtdurchschnitt der iPAD-Rhesusaffen (Colman et al. 2014).

Um nun prognostizieren zu können, ob die bei Rhesusaffen beobachteten Effekte einer Nahrungsrestriktion auch beim Menschen auftreten, müsste zunächst geklärt werden, ob das Ernähungsprotokoll der WNPRC-Studie oder das der NIA-Studie am ehesten auf die Ernährungssituation beim Menschen zutrifft. Denn wie die beiden Studien zeigen, wirken sich unterschiedliche Ernährungs- und Restriktionsformen auf nichtmenschliche Primaten unterschiedlich aus. Die NIA-Ernährung stellt eine gesunde Ernährungsform dar, wie sie, grob betrachtet, auch in menschlichen Populationen mit geringem Einfluss

---

[23]   In mehr als 30 Jahren wurde von über 100 Rhesusaffen des WNPRC´s nur ein Tier 40 Jahre alt und innerhalb des iPAD mit 3264 Rhesusaffen erreichten nur zwei Tiere dieses Alter (Colman et al. 2014).

westlicher und industriell hergestellter Nahrung oder von eher ernährungsbewussten Menschen praktiziert wird. Dem entgegen ist die WNPRC-Ernährung eher mit der westlich-geprägten Ernährung vergleichbar. Die Kontrollgruppe ist einem Überfluss an künstlich hergestellter Nahrung mit einem hohen Zuckeranteil ausgesetzt, wogegen die Nahrung der Restriktionsgruppe stark kontrastiert.

Bezüglich der Lebensspannen bestanden innerhalb der NIA-Studie zwischen *young-onset-* und *old-onset*-Tieren sowie zwischen männlichen und weiblichen Tieren erhebliche Unterschiede. Die Autoren planen diesbezüglich weitere Vergleiche anzustellen. Eine gegenwärtige Kalkulation zeigt, dass hinsichtlich einem Zugewinn an Lebensspanne die NIA-Restriktions- und Kontrollgruppe mit der WNPRC-Restriktionsgruppe vergleichbar ist (Colman et al. 2014).

Da die Ernährungsform der Menschen auch stark inhomogen ist, von Population zu Population und von Individuum zu Individuum je nach Lebenssituation stark variiert, wird eine Nahrungsrestriktion sehr wahrscheinlich auch unterschiedlich starke Effekte hervorbringen. Das Gesamtergebnis aus dem Vergleich der NIA-Studie und der WNPRC-Studie an Rhesusaffen ist, dass eine leicht gemäßigte, gesunde Ernährung auf Basis frischer Kost (Kontrollgruppe NIA-Studie) auf die Lebensspanne und das Auftreten z. B. von Diabetes bei Rhesusaffen vergleichbare Effekte erzielt wie eine 30%ige Restriktion einer Nahrung auf Basis eines hohen Zuckeranteils (Restriktionsgruppe WNPRC-Studie).

3.2.6 Mensch

Eines der Hauptziele der Alternsforschung besteht darin, den Gesundheitszustand von alten Menschen zu verbessern. Die kalorienreduzierte Ernährung stellt eine potentielle Präventionsmaßnahme gegen neurodegenerative, muskuloskeletale, maligne und kardiovaskuläre Krankheitsbilder dar. Die bei Nagetieren und Rhesusaffen am häufigsten auftretenden Reaktionen auf eine Nahrungsrestriktion werden oft auch bei Menschen beobachtet. Dies lässt die Annahme zu, dass die Nahrungsrestriktion beim Menschen Auswirkungen auf die gleichen adaptiven Anpassungen wie bei Labortieren hat (Omodei, Fontana 2011). Da lebenslange Studien einer Nahrungsrestriktion mit Menschen kaum auszuführen sind, beschränken sie sich entweder auf kurzzeitige Nahrungsinterventionen von einigen Monaten bis zu wenigen Jahren, oder es werden die Daten aus vergleichbaren Experimenten, wie z. B. dem *Biosphere 2*-Experiment herangezogen, bei welchem von 1991-1993 je vier Männer und Frauen für 18 Monate unter Nahrungsrestriktion (1700-2000 Kcal/Tag), verbunden mit hoher körperlicher Aktivität (70-80h Arbeit/Woche), lebten. Als physiologische Veränderungen ließen sich Reduktionen des Körpergewichts, des Blutdrucks, der Blutglukoselevel, des Insulin-spiegels und der Cholesterolwerte messen (Walford et al. 1992; 2002). Weitere ähnliche Projekte und Vergleichsmöglichkeiten sind das CALERIE-Projekt (Heilbronn et al. 2006) und Studien mit Mitgliedern der *CR-Society* (Fontana et al. 2004). Probanden der *CR-Society* nahmen im Durchschnitt 1.800 Kcal/Tag (ca. 30% weniger, gegenüber der üblichen westlichen Kalorienzufuhr) über einen Zeitraum von durchschnittlich 6 Jahren auf. Die hungernden Mitglieder unterlagen einem deutlich geringeren Risiko an Typ-2-Diabetes oder linksventrikulärer diastolischer Dysfunktion zu erkranken. Außer-dem zeigten sie weniger Entzündungsreaktionen. Weiterhin scheint die NR bei diesen Hungernden eine erhebliche Schutzfunktion gegenüber Arteriosklerose und Bluthoch-druck zu bewirken. Bei ihnen war die Intima-Media-Dicke der Arteria carotis ca. 40% dünner als bei Nicht-Hungernden (Omodei, Fontana 2011).

	Western diet	Calorie restricted
Age (years) (33)	52.3 ± 10	51.4 ± 12
Male:female	29:4	29:4
Body mass index (kg/m^2) (33)	24.8 ± 3.2	$19.6 \pm 1.6^{\dagger}$
Total body fat (%) (33)	23.1 ± 7	$8.4 \pm 7^{\dagger}$
Truncal fat (%) (33)	23.4 ± 9.7	$4.6 \pm 5.7^{\dagger}$
Systolic blood pressure (mm Hg) (33)	130 ± 13	$103 \pm 12^{\dagger}$
Diastolic blood pressure (mm Hg) (33)	81 ± 9	$63 \pm 7^{\dagger}$
Total cholesterol (mg/dl) (33)	202 ± 33	$162 \pm 34^{\dagger}$
LDL-cholesterol (mg/dl) (33)	122 ± 30	$86 \pm 24^{\dagger}$
HDL-cholesterol (mg/dl) (33)	52 ± 15	$64 \pm 18^{*}$
Total cholesterol:HDL-cholesterol ratio	4.2 ± 1.2	$2.5 \pm 0.5^{\dagger}$
Triglycerides (mg/dl) (33)	143 ± 93	$58 \pm 18^{\dagger}$
Glucose (mg/dl) (33)	95 ± 9	$84 \pm 8^{\dagger}$
Insulin (μU/ml) (33)	7.4 ± 6	$1.5 \pm 0.9^{\dagger}$
TNFα (pg/ml) (28)	1.5 ± 0.9	$0.7 \pm 0.5^{*}$
C-reactive protein (mg/L) (31)	1.1 ± 1.2	$0.2 \pm 0.3^{\dagger}$
TGFβ1 (ng/ml) (31)	22.1 ± 6.6	$14.9 \pm 3.1^{\dagger}$
Triiodothyronine (ng/dl) (28)	91 ± 13	$74 \pm 22^{\dagger}$

Values are means $\pm$ SD for the number of subjects given in parentheses.
$*$ $P < 0.01$; $^{\dagger}P < 0.001$ CR versus Western diet.

Tabelle 3: Veränderungen physiologischer Parameter von 18 Mitgliedern der *CR-Society* unter durchschnittlich 6-jähriger Kalorienrestriktion, gegenüber 18 gesunder, sich typisch westlich ernährender Kontrollpersonen (Holloszy et al. 2007).

Der derzeitig wichtigste Hinweis darauf, dass die NR das Lebensalter beim Menschen beeinflussen kann, liegt darin, dass bei hungernden Mitgliedern der *CR-Society* eine deutlich bessere linksventrikuläre diastolische Funktion vorliegt. Während des Alterungsprozesses kommt es zu einer Versteifung des linken Ventrikels und somit zu einer Beeinträchtigung der diastolischen Funktion. Bei Hungernden der *CR-Society* (Durchschnittsalter 53 ± 12 Jahren) zeigte die diastolische Funktion des linken Ventrikels Werte wie von 16 Jahre jüngeren Kontrollpersonen (Omodei, Fontana 2011).

Demenzkrankheiten gehören auch zu den häufig vorkommenden, chronischen Krankheitsbildern im Alter. Im Jahr 2010 wurde die Zahl der Demenzpatienten in Deutschland auf 1,4 Millionen geschätzt (Bickel 2010). Ein Schwerpunkt gerontologischer Forschung liegt heute deshalb auf den spezifischen Auswirkungen der Nahrungsrestriktion auf bestimmte Organsysteme und besonders auf neurodegenerative Erkrankungen wie Alzheimer und Parkinson (vgl. Hermannstädter 2013, S. 5). So untersuchte Witte vom Institut für Neurologie der Universität Münster die Auswirkungen einer NR auf das Gedächtnis von neurologisch gesunden, 50- bis 80-jährigen Patienten. Die 50 normal- bis übergewichtigen Probanden wurden in drei Gruppen eingeteilt: Gruppe 1 erhielt eine um 30% reduzierte Nahrungszufuhr, Gruppe 2 erhielt eine Nahrungskomposition bei der im Fettanteil 20% mehr ungesättigte Fettsäuren[24] enthalten waren, Gruppe 3 stellte die Kontrollgruppe dar. Nach dreimonatiger Nahrungsintervention konnte eine signifikant gesteigerte Wiedererkennungsleistung (mittlere Verbesserung um 20%) in einem verbal-episodischen Gedächtnistest (VLMT) bei der Restriktions-Gruppe, nicht aber bei den anderen beiden Gruppen, festgestellt werden. Zusätzlich zeigte die Restriktions-Gruppe eine signifikante Gewichts- und BMI-Reduktion und eine signifikante Abnahme des Nüchterninsulinspiegels (Witte et al. 2009).

3.3 Vergleichende Analyse von Meta-Studien und NR-Analoga

Im weiteren Verlauf sollen nun die aus der bisher einzigen speziesübergreifenden Meta-Analyse gewonnenen Resultate mit den Erkenntnissen verglichen werden, die man aus der Beobachtung von NR-ähnlichen Gegebenheiten, wie z. B. Hungersnöten, Leben in nördlichen Breiten oder den Selbstversuchen der *CR-Society*-Mitglieder gewonnen hat. Dieses Verfahren kann es ermöglichen, die Dimension der Auswirkungen einer NR auf die Lebensspanne des Menschen einzugrenzen. Der Bereich der Lebenslänge von *C. elegans*, *Drosophila*, Nagetieren, Rhesusaffen und des Menschen erstreckt sich von 2-3 Wochen bei *C. elegans* bis zu 80 Jahren bei Menschen[25]. Der prozentuale Wert ihrer Erhöhung durch NR sollte, wie im 5. Kapitel ausführlicher dargestellt wird, äquivalent zu der Höhe der Selektionsdrücke sein, die zu entspre-

---

[24] Yehuda et al. (1996) zeigten in einer Studie mit 100 Alzheimerpatienten, dass durch Nahrungszusatz einer Mischung bestehend aus verschiedenen ungesättigten Fettsäuren u. a. das Kurzzeitgedächtnis der Alzheimerpatienten verbessert werden konnte.

[25] Dies gilt für Länder mit der höchsten Lebenserwartung wie Japan, USA, Deutschland. Weltweit schwankt die mittlere Lebenserwartung jedoch erheblich. So lag im Jahre 2007 die weltweit niedrigste Lebenserwartung für Sambia bei 39 Jahren, die höchste wurde mit 82 Jahren in Japan erzielt (United Nations 2007).

chend stärker oder schwächer ausgeprägten speziesspezifischen Adaptation an Hungerperioden geführt haben. Faktoren, welche die Höhe der selektiven Drücke für Anpassungen an Hungerperioden bestimmen, sind z. B. die Körpergröße, die Migrationsfähigkeit, das Vermögen zur Omnivorie und die Lebensspanne der Spezies[26].

Die auf der nächsten Seite aufgeführte Tabelle zeigt die Werte der in einzelnen NR-Studien (ohne Meta-Analysen) erreichten Verlängerung der Lebensspanne bei verschiedenen Spezies aus Labor- und Wildlinien[27].

---

[26]   Dies wird detailliert in Kapitel 5.5. besprochen.
[27]   In der Wildnis gefangene Tiere werden in der Regel vor Beginn der Studien für einige Generationen auf die Laborhaltung und ihre typische Ernährung eingestellt.

Species	DR regime	Life span measure	Increase
S. cerevisiae	Glucose dilution	RLS	75%
	SDC versus water	Mean CLS	300%
	Asparagine/glutamate restriction	CLS	Not reported
Tokophrya infusionum	Fed reduced number of *Tetrahymena*	Maximum life span	Not reported
C. elegans	*eat-2 (ad1113)* mutation	Mean life span	46%
	Axenic media	Mean life span	85%
	Bacterial dilution in liquid	Mean life span	52%
	Reduction of bactopeptone in plates	Mean life span	30%
	Dietary deprivation during adulthood	Mean life span	50%
D. melanogaster	Reduction in yeast paste availability	Mean life span	28%
	Dilution of media	Median life span	66%
Medflies	Dilution of nutrients	Median life span	22%
Grasshoppers	Reduction by 40% of ad libitum	Median life span	62%
Spiders	Reduction in number of *D. melanogaster* fed	Median life span	212%
Water striders	Reduction in number of *D. melanogaster* fed	Increase in life span on low food	20 days
Water fleas	Dilution of manure infusion media with pond water	Mean life span	69%
Rotifers	Algae deprivation	Mean life span	60%
Guppies	Reduced sludge worm intake	Maximum life span	Not reported
Trout	Dried skim milk with liver supplement versus without	Survival	Not reported
Hamsters	Reduction of food by 50%	Median	30%
Mice	Ad libitum versus 40 kcal/week from weaning	Mean	65%
	From 1 year, 160 kcal versus 90 kcal/week	Mean	20%
	Every other day feeding	Mean	27%
	Methionine restriction	Maximal life span[b]	10%
Rats	Reduced food intake to growth-restricting levels interspersed with periodic growth-promoting diets	Mean (males)	85%
	Reduction of ad libitum by 60%	Median	47%
	Methionine restriction	Mean life span	42%
	Every other day feeding	Mean life span	83%
Dogs	Reduced to 75% of control food intake	Median life span	16%
Rhesus monkeys	Restricted chow to maintain lean target weight of 10–11 kg	Median life span	28%

Tabelle 4: Die Tabelle zeigt die prozentuale Erhöhung der Lebensspanne von verschiedenen Wild- oder Labortieren. CLS: chronologische Lebensspanne, RLS: replikative Lebensspanne, SDC: *standard yeast growth medium*. Die maximale Lebensspanne wird aus der mittleren Lebensspanne von 10% der ältesten Tiere berechnet (Mair, Dillin 2008).

Die in Tabelle 4 angegebenen Werte verschaffen zwar einen guten Überblick, sollten jedoch nicht dazu dienen, einen Trend der prozentualen Abnahme der Lebensverlängerung in Richtung größerer und migrationsfähigerer Tiere abzuleiten. Die Auswahl und Anzahl der darin enthaltenen Studien kann für diesen Zweck noch nicht als repräsentativ gelten. Es liegen einige Schwierigkeiten vor, um von den Ergebnissen dieser Tabelle wie auch aus anderen einzelnen NR-Studien universelle auch für den Menschen gültige Ableitungen machen zu können. Die wichtigsten davon sind:

- die enorme Vielfalt an unterschiedlichen Ernährungsprotokollen,
- die auf Kosten des Wachstums verlängerte Lebensspanne,
- die unterschiedliche Reaktion von Labor- und Wildtieren,
- die Art der Berechnung und Angabe der Lebensverlängerung,
- die unterschiedlichen geschlechtsspezifischen Effekte der NR,
- die speziesabhängigen Unterschiede dieser geschlechtsspezifischen Effekte.

3.3.1 Speziesübergreifende Meta-Analysen

2012 erstellten Nakagawa et al. eine vergleichende Meta-Analyse, bei der sie die Ergebnisse von 145 einzelnen NR-Studien bezüglich der Effekte der NR auf die Lebensspanne von insgesamt 60.221 NR- und 31.066 Kontrolltieren statistisch zusammenfassten[28]. Das Fazit dieser Meta-Analyse ist, dass die NR das Potential hat die Lebensspanne von Modellorganismen und vielen anderen Spezies zu verlängern.

Grundsätzlich kann eine Erhöhung der Lebensspanne durch NR entweder dadurch erreicht werden, dass die altersbedingte Zunahme der Mortalitätsrate reduziert wird oder dadurch, dass die altersunabhängige, von Geburt an vorliegenden Mortalitätsrate[29] reduziert wird (Partridge et al. 2005a).

Nakagawa et al. (2012) zeigen, dass die NR die Lebensspanne durch eine Reduktion der altersspezifischen und der altersunabhängigen Mortalitätsrate verlängert.

---

[28] Eine Auswertung der *funnel plot*-Symmetrie lässt laut Autoren keine Anzeichen von Publikationsbias erkennen.

[29] Die altersspezifische Mortalitätsrate gibt an, wie viele Individuen einer bestimmten Altersklasse innerhalb eines festgelegten Zeitraums bezogen auf einen Anteil oder die gesamte Population sterben. Die altersunabhängige Mortalitätsrate erfasst die Gesamtzahl der innerhalb eines bestimmten Zeitraums gestorbenen Individuen (Partridge et al. 2005a).

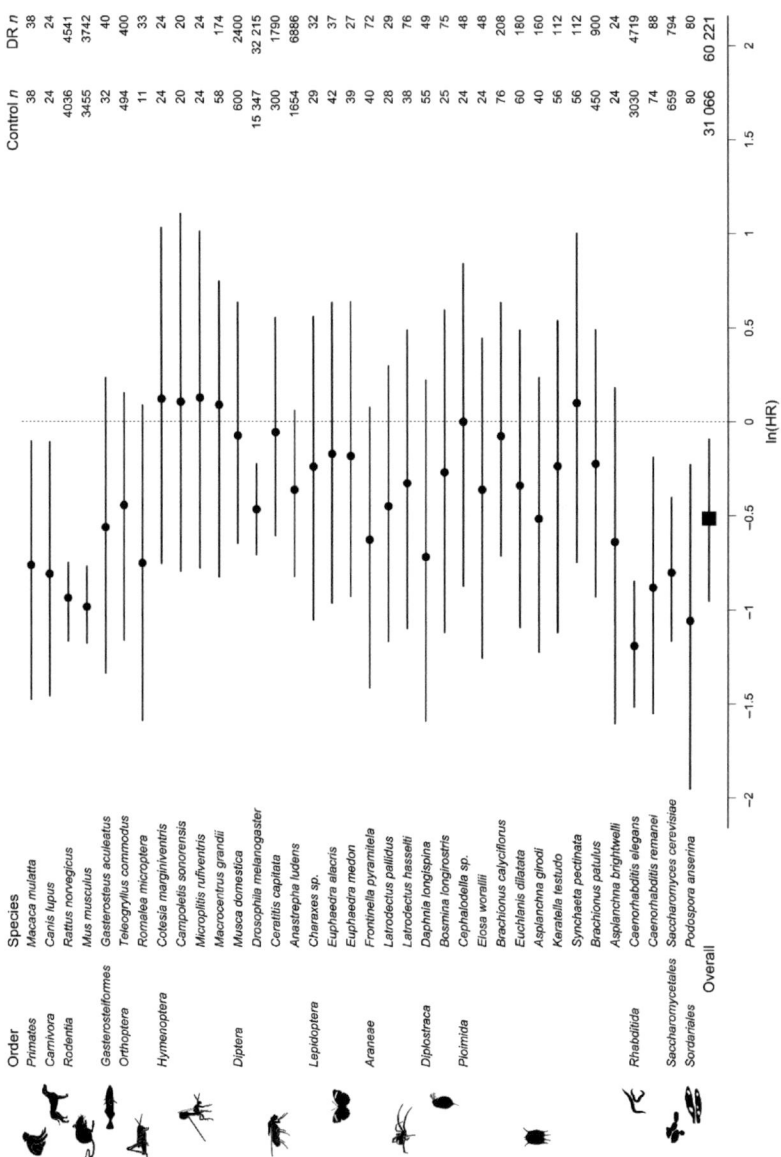

Abb. 9: Die Effektstärke der NR ist als Logarithmus des *Hazard-Ratio* (ln(HR)) zwischen Kontroll- und NR-Gruppe als *Forest plot* angegeben. Die Bestimmung des *Hazard-Ratio* ist ein Analyseverfahren um das Sterberisiko von zwei Gruppen zueinander in Beziehung zu setzen. Ein negativer ln(HR)-Wert bedeutet, dass Individuen der NR-Gruppe im Durchschnitt einem geringeren Sterberisiko unterlagen als Individuen der Kontrollgruppe (Nakagawa et al. 2012). Gesamtwert: großes schwarzes Quadrat.

Weitere wichtige Ergebnisse aus der Meta-Analyse von Nakagawa et al. (2012) sind z. B., dass:

- die Effekte der NR auf die Lebensspanne bei Männchen 20% geringer sind als bei Weibchen;
- die NR doppelt so effektiv die Lebensspanne von Modellorganismen verlängert wie die von Wildtieren;
- die Aufnahme eines bestimmten Proteinverhältnisses die Lebensspanne stärker beeinflusst als der Anteil der Kalorienrestriktion und ein optimales Verhältnis aus Kalorien- und Proteinaufnahme für die größte Lebensverlängerung verantwortlich ist;
- es sich bei den von Modellorganismen gezeigten Effekten wahrscheinlich um konvergente Adaptationen an Laborbedingungen handelt.

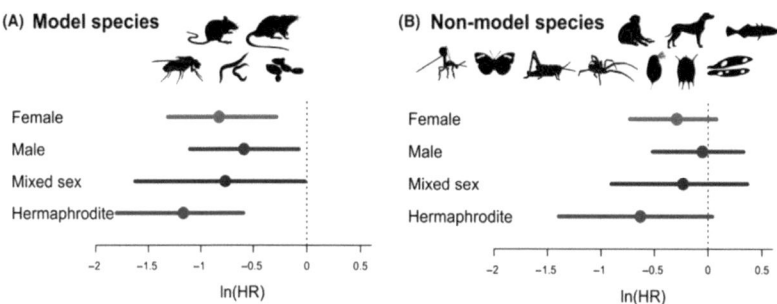

Abb. 10: Im Vergleich reagieren Modellorganismen und Weibchen auf die NR mit einer größeren Erhöhung der Lebensspanne (Nakagawa et al. 2012).

Die von Nakagawa et al. (2012) vermutete konvergente Entwicklung der Reaktionen auf eine NR steht der bisherigen Annahme entgegen, dass innerhalb der Modellorganismen homologe nahrungssensitive Signalwege (TOR, IIS) existieren, die an der Verlängerung der Lebensspanne beteiligt sind. In diesem Fall könnten die bei Modellorganismen beobachteten Effekte der NR nicht auf den Menschen übertragen werden. Nakagawa et al. (2012) fügen jedoch an, dass die Annahme eines evolutionär konservierten Zustands aber parsimonischer wäre, und die von Modellorganismen gezeigte

Lebensverlängerung infolge der NR eine anzestrale Reaktion von nahrungssensitiven Signalwegen darstellt. Des Weiteren gehen sie davon aus, dass bei NR-Tieren ohne deutliche Lebensverlängerung ein bisher unentdeckter Signalweg existieren könnte, welcher den positiven Auswirkungen der NR entgegenwirkt aber in langzeitlich gezüchteten und genetisch veränderten Modellorganismen weniger Einfluss hat. Demgegenüber wäre es aber auch möglich, dass mit der künstlichen Selektion der Modellorganismen unbeabsichtigt Mechanismen mitselektiert wurden, welche für die stärkere Lebensverlängerung dieser verantwortlich sind. Letztlich vermuten sie, dass das Wissen um eine optimale Laborhaltung und der Fütterungsbedingungen für Modellorganismen sehr hoch, für Wildtiere aber niedrig ist, wodurch sich der Effekt der Lebensverlängerung bei Labortieren ausgeweitet haben könnte.

Als Gesamtergebnis halten Nakagawa et al. (2012) jedenfalls fest, dass die NR das Sterberisiko um 60% verringert. Jedoch weisen sie darauf hin, dass sich dieser Wert aus vielen Einzelstudien an insgesamt 36 Spezies zusammensetzt und schon zwischen zwei verschiedenen Spezies zu große Unterschiede beständen als, dass er auf die Lebensspanne einer bestimmten Spezies extrapoliert werden könnte. Dass die Möglichkeit einer Extrapolation eingeschränkt ist, zeigt sich auch an den unterschiedlichen Werten zwischen Modellorganismen und Wildtieren sowie zwischen weiblichen und männlichen Tieren.

Hinsichtlich einer ersten konservativen Einschätzung der möglichen Effekte einer NR beim Menschen sollte man erwarten, dass zumindest der von Nakagawa et al. (2012) gefundene geschlechtsspezifische Effekt auch beim Menschen auftritt, da dieser sowohl unter Modellorganismen als auch unter Wildtieren deutlich bestehen bleibt. Des Weiteren könnte zunächst die Höhe einer Verringerung des Sterblichkeitsrisikos für den Menschen im Bereich der Werte zwischen weiblichen und männlichen Wildtieren angenommen werden.

Den Ergebnissen einer weiteren Meta-Analyse nach zu beurteilen, bei der Swindell (2011) die Genotyp-abhängigen Auswirkungen der NR bei Nagetieren untersuchte, sollten diese Einschätzungen jedoch vorerst sehr vage bleiben. Die Bilanz von Swindell (2011) ist, dass die NR zwar die mediane Lebensspanne von gezüchteten Ratten zwischen 14-45% und von gezüchteten Mäusen zwischen 4-27% verlängern konnte. Jedoch wurde bis dahin in keiner Studie gezeigt, dass die NR die Lebensspanne von ungezüchteten Nagetieren verlängerte. So fanden z. B. Harper et al. (2006), dass ungezüchtete NR-Mäuse zwar im Alter einem niedrigeren, in jungen Jahren aber einem höheren Mortalitätsrisiko unterlagen. Auch die 2013 von Metaxakis und Partridge gefundenen Ergebnisse, dass die NR die Lebensspanne von im Freien gefangenen Drosophiliden signifikant verlängern konnte, reicht für eine Revidierung der geringen Einstufung des NR-Potentials für den Menschen nicht aus. Übrig bleiben zunächst nur die Ergebnisse der WNPRC- und NIA-Primatenstudien (Kapitel 3.2.5.), um als Richtwert für eine Übertragung auf den Menschen zu dienen.

3.3.2 NR-analoge Bedingungen; Einwohner Okinawas

In Kapitel 3.2.6 wurden die physiologischen Auswirkungen der Nahrungsrestriktion auf Herz-Kreislauf-Krankheiten, Krebs, Diabetes und Demenz-Krankheiten für Modellorganismen und für den Menschen vorgestellt. Diese Erkenntnisse können vor allem dafür genutzt werden, um das Potential der NR zur Verlängerung der *healthy lifespan* einzustufen (siehe 6.5 Resümee). Die Auswirkungen von während der Evolution der Spezies immer wiederkehrenden Hungerperioden auf die Gesundheit und Lebens-spanne können z. B. mit den Kurzzeiteffekten der NR anhand der Auswirkungen bei *CR-Society*-Mitgliedern verglichen werden (siehe Kapitel 3.2.6). Um die Auswirkungen einer NR auf die Lebensspanne beim Menschen einzustufen, können Langzeiteffekte auch aus vergleichbaren Gegebenheiten konsultiert werden. Deshalb sollen in diesem Kapitel Erkenntnisse über Bevölkerungsgruppen hinzugezogen werden, die aufgrund klimatischer oder kultureller Bedingungen unter Nahrungsrestriktion leben. Dies ist z. B. bei der Bevölkerung Okinawas der Fall. Willcox et al. (2007) untersuchte die seit 1960 archivierten Daten hinsichtlich Ernährung und Anthropometrie der über 65-jährigen Inselbewohner. Die Autoren fanden, dass ihre tägliche Kalorienaufnahme im Durchschnitt 1785 Kcal/Tag betrug. Damit lag sie 15-40% niedriger als auf den Hauptinseln Japans (2068 Kcal/Tag) und in den USA (2980 Kcal/Tag). Todesfälle aufgrund von Krebs oder Herz-Kreislauf-Erkrankungen waren bei den Okinawanern deutlich weniger zu verzeichnen (Omodei, Fontana 2011). Ihre Lebenserwartung bei Geburt betrug im Jahre 2000 für Frauen 86,0 Jahre und für Männer 77,6 Jahre (Willcox et al. 2007). Insgesamt fanden Willcox et al. (2007) bei diesen Inselbewohnern eine niedrige Kalorienaufnahme in Verbindung mit einer hohen physischen Aktivität, einen lebenslang niedrigen *Body-Mass-Index* (BMI), eine reduzierte Mortalität aufgrund altersbedingter Krankheiten sowie eine höhere mittlere und maximale Lebensspanne.

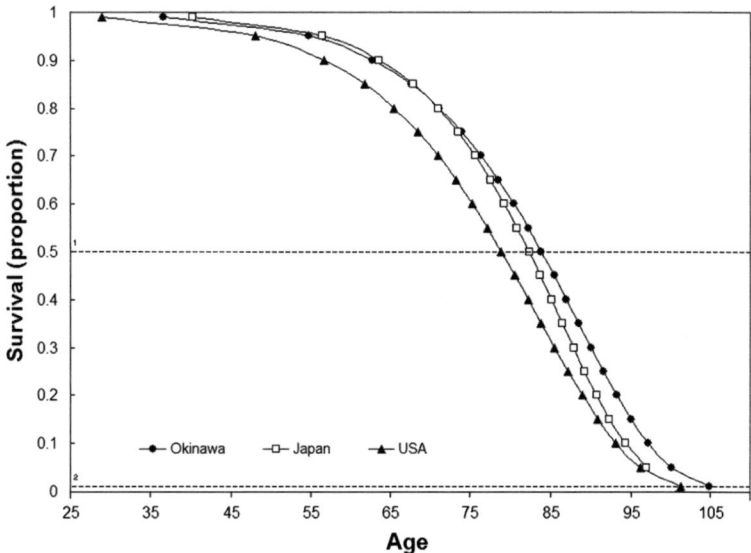

Abb. 11: Überlebenskurve für Okinawaner, Japaner und Amerikaner. Gezeigt ist die mittlere (1: Alter der Überlebenden des 50. Perzentils) und die maximale (2: Alter der Überlebenden des 99. Perzentils) Lebensspanne für Okinawaner (83,8 Jahre; 104,9 Jahre), Japaner (82,3 Jahre; 101,1 Jahre) und Amerikaner (78,9 Jahre; 101,3 Jahre) (Willcox et al. 2007).

Everitt und Le Couteur (2007) weisen jedoch darauf hin, dass die durchschnittliche Kalorienaufnahme der Einwohner Okinawas bis zu 40% unter, ihre Lebenserwartung aber nur 5% über der von Amerikanern liegt, was gegen die durchschnittlich erreichte 25-40%ige Lebensverlängerung bei Modellorganismen sehr gering ausfällt. Beachtet werden sollte aber, dass die Lebenserwartung zwischen den USA und Okinawa zwar keinen großen Unterschied zeigt, die Inzidenz von altersbedingten Krankheiten, die für die häufigsten Todesursachen verantwortlich sind, in den USA aber deutlich höher liegt als in Japan und Okinawa. Willcox et al. (2007) gehen deshalb auch davon aus, dass das vollständige Potential der Langlebigkeit durch NR unter den Okinawanern wegen ihrer seit 1960 bestehenden schlechten Gesundheits-Infrastruktur noch eingeschränkt sei, was sich u. a. auch in hohen Sterberaten aufgrund Tuberkulose und anderen Infektionskrankheiten zeige.

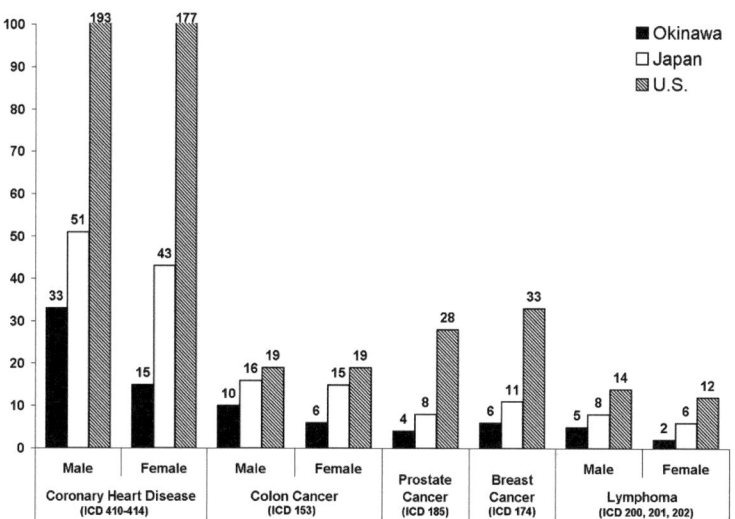

Abb. 12: Sterblichkeitsrate pro 100.000 Personen für das Jahr 1995 aufgrund altersbedingter Krankheiten unter Okinawanern, Japanern und Amerikanern. Deutlich zu erkennen ist das niedrigere Risiko der Okinawaner an altersbedingten Krankheiten zu sterben (Willcox et al. 2007).

Die bei Okinawanern beobachtete Minderung der altersspezifischen Mortalitätsrate ist auch in dem Gesamtergebnis der oben vorgestellten Meta-Studie von Nakagawa et al. (2012) zu finden. Nakagawa et al. (2012) zeigten, dass sich das altersspezifische und altersunabhängige Sterberisiko um 60% (Gesamtwert aus allen 145 Studien an 36 Spezies) unter NR-Tieren reduzierte.

Aus dem Vergleich von NR-Studien an Modellorganismen und Wildtieren mit den Langzeiteffekten der niederkalorischen Ernährung der Okinawaner ergeben sich, sofern es sich bei Okinawanern nicht um spezifische ernährungsbedingte Anpassungen handelt, somit drei deutliche Resultate einer langzeitlich niederkalorischen Ernährung:

1. Das altersspezifische und altersunabhängige Sterberisiko reduziert sich bei Tieren um 60% (Gesamtwert der Meta-Analyse). Beim Menschen kann das Auftreten von altersbedingten Krankheiten deutlich verringert werden.

2. Die Lebenserwartung des Menschen kann sich um ca. 5% erhöhen, die der Modellorganismen und anderer Tiere um ca. 4-40%.

3. Die bei Modellorganismen und anderen Tieren beobachtete längere Lebensspanne der Weibchen kann beim Menschen unabhängig von der Höhe seiner Kalorienaufnahmen beobachtet werden.

4 Molekulare Mechanismen der Nahrungsrestriktion

Die Beeinflussung der Gesundheit durch Nahrungsrestriktion und ihre weiteren, die Lebensspanne betreffenden physiologischen Effekte konnten bei vielen verschiedenen Organismen nachgewiesen werden. Nach Kenyon (2010) beruhen die Effekte der Nahrungsrestriktion speziesübergreifend auf der Regulation durch fundamentale Signalwege und Transkriptionsfaktoren. Entsprechend soll in diesem Kapitel auf die zugrundeliegenden genetischen Faktoren, molekularen Mechanismen und Stoffwechselsignalwege, die bei einer Nahrungsrestriktion aktiviert oder deaktiviert werden, eingegangen werden. Durch den Vergleich von nahrungssensitiven Signalwegen bei unterschiedlichen Spezies gewinnt man Anhaltspunkte über den Grad ihrer Konservierung. Dies kann dabei helfen Kenntnisse der ernährungs-physiologischen Mechanismen für Wachstum, Gesundheit und Lebensspanne von Modellorganismen auch auf den Menschen zu übertragen.

4.1 Evolutionär konservierte Signalstoffe und Signalwege

Einige Signalstoffe sind in gleicher oder ähnlicher Form nicht nur im gesamten Tierreich, sondern auch schon bei Bakterien, Pilzen und Pflanzen zu finden (Penzlin 2009, S. 480). Insulin gibt es schon bei Protozoen, Bakterien und Pilzen, und ACTH (Adrenocorticotropes Hormon) auch bei Protozoen und Bakterien (Penzlin 2009, S. 480), steroidogene Enzyme finden sich schon bei Einzellern wie Bakterien und Pflanzen und auch Cholesterin wird seit über einer Milliarde Jahren von Einzellern hergestellt, auch wenn seine damalige Funktion und Wirkung der heutigen noch nicht exakt entsprechen muss (Kleine, Rossmanith 2010, S. 273-274). Während der Evolution neuer Tiergruppen und ihren spezifischen physiologischen Adaptationen an ihre Umwelt sind dabei nicht laufend neue Hormone entwickelt worden, sondern es wurden die bereits vorhandenen Hormone für neue Aufgaben umfunktioniert, worauf auch die Ähnlichkeit der Primärstruktur vieler Hormone deutet (Heldmaier et al. 2013, S. 386). Die

Genduplikation könnte hier das vorherrschende Evolutionsprinzip gewesen sein. Denn während die eine Genkopie noch das ursprüngliche Hormon herstellt, kann das duplizierte Gen mutieren und veränderte Hormone für neue Funktionen oder für ebenfalls auf diese Weise entstandene veränderte Rezeptoren exprimieren (Penzlin 2009, S. 482).

Die biochemischen Wurzeln des Hormonsystems der Tiere reichen also weit zurück. Der nahrungs- und umweltsensitive TOR-Signalweg ist phylogenetisch stark konserviert und bei vielen Pflanzen, Pilzen, Bakterien, Würmern, Fliegen und schließlich Säugetieren nachgewiesen worden (Masoro, Austad 2011, S. 203). TOR ist an der Regulierung des Zellwachstums und des Metabolismus in allen untersuchten Eukaryoten beteiligt (Wullschleger et al. 2006) und könnte einer der am frühesten in der Evolution entstandenen Vermittler zwischen Umwelt, Wachstum und Stoffwechsel sein.

Metazoen mit verschiedenen Organen verwenden zur Koordination des Stoffwechsels Kommunikationsmittel wie Nerven und Hormone. Mit der Evolution der ersten Vielzeller entwickelten sich dann innerhalb der nahrungssensitiven Signalwege Mechanismen, welche die Kommunikation zwischen weiter entfernten Körperteilen erlaubten (Fontana et al. 2010). So ist z. B. mit den Metazoen der Insulin/Insulin-ähnliche Signalweg entstanden. Hier regulieren die Orthologen DAF-16 (DAF: *Dauer Formation*) und FOXO die Transkription von Genen in Abhängigkeit von Umweltreizen. 1999 konnte z. B. Alexander Skorokhod von der Johannes Gutenberg-Universität Mainz zeigen, dass die verschiedenen Insulinrezeptoren der Vertebraten alle mit den Insulinrezeptoren der Porifera verwandt sind und die Existenz dieser Rezeptor-Tyrosinkinasen (RTK) eine Autapomorphie aller Metazoen darstellt (Skorokhod et al. 1999). Der erste Stoffwechselsignalweg, der im Bereich der Alternsforschung Relevanz zeigte, wurde bei dem Versuch, langlebige Mutanten von *C. elegans* zu erzeugen, entdeckt. Man fand heraus, dass die relevanten Genmutationen Bestandteile des Insulin/*Insulin-like growth factor 1* (I/IGF-1) -Signalwegs (IIS) waren, welcher an der Koordination zur Weiterverarbeitung und Verteilung von Nahrungsbestandteilen für Wachstum, Reproduktion und Metabolismus einen maßgeblichen Anteil hat (Gems, Partridge 2013). Heute weiß man, dass sich der II-Signalweg während der Evolution von einem

Einzelrezeptor bei Invertebraten, der aber Signale von verschiedenen Insulin-ähnlichen Liganden vermitteln kann, bei Säugetieren zu multiplen Rezeptoren mit komplexeren Signalwegen und regulatorischen Netzwerken entwickelt hat (Masoro, Austad 2011, S. 221; Kenyon 2001).

Insulin und *Insulin-like growth factors* (IGFs) zeigen, dass zwischen klassischen Hormonen und Wachstumsfaktoren ein kontinuierlicher Übergang besteht. Während diese in Embryonen von Invertebraten und Vertebraten noch als Wachstumsfaktoren agieren (Shingleton et al. 2005), nehmen sie, sobald sich Hormondrüsen entwickelt haben, die physiologische Funktion der Hormone zum Fett- und Zuckerstoffwechsel ein (Müller, Hassel 2012, S. 318). Zusätzlich dienen auch bei adulten Wirbeltieren noch IGFs als Wachstumsfaktoren. Deshalb ist es wahrscheinlicher, dass die evolutionär ursprüngliche Funktion des Insulin-Signalwegs die metabolische Kontrolle des Wachstums war und sich erst bei Wirbeltieren die zusätzliche Funktion der Blutzuckerregulation entwickelte (Heldmaier et al. 2013, S. 386).

Unter den multizellulären Eukaryoten ist der IIS einer der wichtigsten Vermittler, der Wachstum, Stoffwechsel, Reproduktion, Stressresistenz und Lebensspanne auf die jeweiligen Umwelteinflüsse einstellt. Zu seinen Hauptbestandteilen gehören die Insulin/Insulin-ähnlichen Moleküle, einer oder mehrere Insulin/IGF-1-ähnliche Rezeptoren, die Phosphoinositid-3-Kinase (PI3K), die Proteinkinase B sowie ein Transkriptionsfaktor der FoxO-Familie (Masoro, Austad 2011, S.222). Der Wachstumsfaktor GH (*growth factor*) ist mit dem IIS verknüpft, kann aber nur bei Säugetieren gefunden werden (Masoro, Austad 2011, S. 25). Die evolutionäre Konservierung von nahrungssensitiven Signalwegen wird im Allgemeinen damit begründet, dass es für Zellen und Organismen überlebenswichtig war, während Nahrungsknappheit in einen Standby-Modus wechseln zu können, in welchem die Zellteilung und Reproduktion angehalten oder minimiert wird, um die noch zur Verfügung stehende Energie für Zellschutz und grundlegende Zellfunktionen zu verwenden (Fontana et al. 2010).

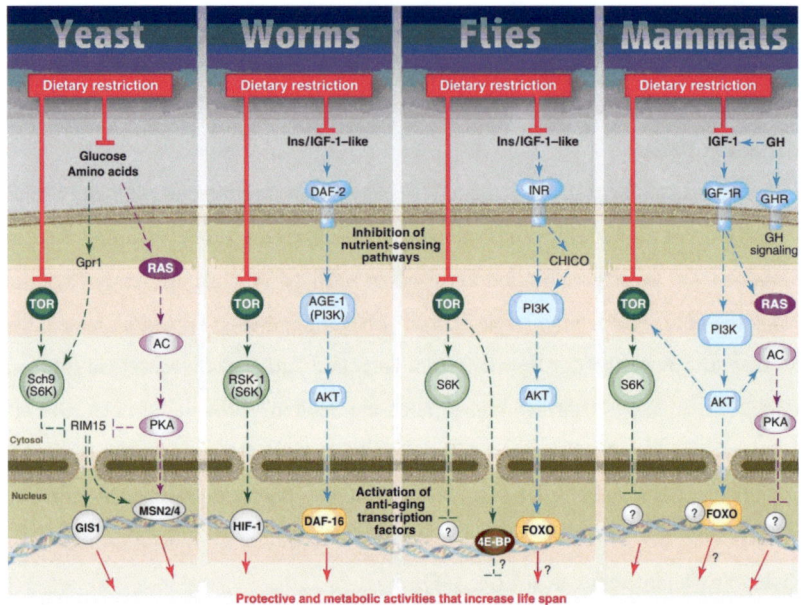

Abb. 13: Die Abbildung deutet auf die evolutionäre Konservierung der nahrungssensitiven Signalwege bei Hefe, Würmern, Fliegen und Säugetieren hin, zeigt die Wirkung der Nahrungsrestriktion auf die wichtigsten Signalwege TOR, RAS und Insulin/IGF-1 und stellt, vereinfacht, die Signalkaskade der Signalwege, die letztlich die Lebensspanne beeinflussen, dar. (Auf Basis von Fontana et al. 2010, von Schelker bearbeitet) Die Transkriptionsfaktoren DAF-16 und FOXO werden bei ausreichender Nahrung phosphoryliert und sind dann entsprechend inaktiv. Erst bei NR bleibt die Phosphorylierung aus, wodurch die TF aktiviert werden und in den Zellkern einwandern um verschiedene Gene zu aktivieren. Die genauen Mechanismen dazu werden weiter unten beschrieben.

Die IIS-Kaskade läuft bei Würmern, Insekten und Säugetieren sehr ähnlich ab. Umwelt-einflüsse können zu einer Hemmung oder Steigerung der IIS-Aktivität führen. Durch die Hemmung der Signalkaskade werden z. B. Transkriptionsfaktoren aktiviert, welche wiederum Gene aktivieren, die auf Zellschutz, Stoffwechsel und die Verarbeitung von beschädigten Proteinen positive Auswirkungen haben (Fontana et al. 2010).

Die Aufnahme von verschiedenen Nährstoffen kann unterschiedliche Signalwege wie den IIS oder den TOR-Signalweg direkt oder indirekt aktivieren, wobei das Wachstum und die Zellteilung primär durch den Insulin-Signalweg und die Zellgröße hauptsächlich über die TOR-Kinase reguliert wird (Wehner, Gehring 2013, S. 290). Auch unterschied-liche Restriktionsverfahren führen bei allen Modellorganismen zur Aktivierung verschiedener Signalwege. An *C. elegans* fand man z. B. heraus, dass bei lebenslanger Nahrungsrestriktion, beim *every-other-day feeding* oder bei Beginn der NR in mittlerem Alter jeweils unterschiedliche Bestandteile der Signalwege aktiviert werden (Greer, Brunet 2009).[30]

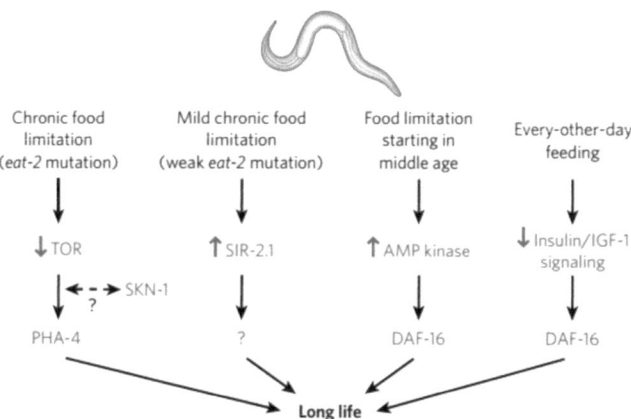

Abb. 14: Welcher Nahrungssensor den größten Einfluss auf die Alterung hat, kann von der Methode der Nahrungsrestriktion abhängen (Kenyon 2010).

Da die Hemmung des IIS bei Modellorganismen die Langlebigkeit positiv beeinflusst hat und man von einer evolutionären Konservierung des IIS ausgeht, nimmt man an, dass eine Nahrungsrestriktion beim Menschen ähnliche Effekte auf den IIS und somit auch auf seine Lebensspanne hat.

4.2 Funktion von Insulin bei Mensch und Modellorganismen

Insulin besitzt neben der Regulierung der Blutzuckerkonzentration bei Vertebraten eine wichtige Rolle in der frühen Entwicklung bei Invertebraten und Vertebraten (Shingleton et al. 2005).

---

[30]   Greer und Brunet stellen hier 12 unterschiedliche Methoden der NR und ihre jeweiligen Verlängerungen der Lebensspannen vor.

Damit eine bedarfsgerechte Energieversorgung des Körpers und besonders des Gehirns gewährleistet ist und schädigende Wirkungen einer Hypo- oder Hyperglykämie verhindert werden, liegen verschiedene Mechanismen vor. Energie kann aus der aufgenommenen Nahrung (in Form von Kohlenhydraten, Fetten und Proteinen) oder aus Energiedepots des Körpers (in Form von Glykogen oder Fettspeicher) zur Verfügung gestellt werden. Hauptregulatoren der sogenannten Stellgröße (Schwellenwert liegt im Bereich ~4,4- bis 6,7mmol/L (Penzlin 2009)) sind beim Menschen Insulin und Glukagon. In der Endokrinologie spricht man von „satt", wenn die Glukosekonzentration im Blut mehr als 5mmol/L beträgt, und von „fastend" wenn sie unter 5mmol/L liegt. Um den Blutzuckerspiegel zu senken existiert jedoch nur ein Hormon, nämlich das Insulin, während Hormone wie Thyroxin, ACTH (Adrenocorticotropes Hormon), Glukokortikoide, Adrenalin, Glukagon und das Wachstumshormon (GH) die Fähigkeit haben den Blutzuckerspiegel zu erhöhen (Kleine, Rossmanith 2010, S. 236-237). Dass mehr Regulationsmechanismen zur Verfügung stehen, die bei Nahrungsmangel aktiv werden aber wenige vorhanden sind, die bei zu hoher Nahrungsaufnahme angeregt werden, deutet darauf hin, dass Organismen während ihrer Phylogenese häufiger einem Nahrungsmangel statt einem Überangebot ausgesetzt waren (Kleine, Rossmanith 2010, S. 242). Aufgrund dieser Tatsache lässt sich vermuten, dass das Insulinsystem für eine Umwelt mit kontinuierlichem Nahrungsangebot nicht optimal ist und heute mit der altersbedingten Insulinresistenz seine Grenzen erreicht hat.

Zur Familie der Insuline gehören der *androgenic gland factor* von Krebsen, Bombyxine von Insekten wie z. B. Seidenspinner, Mücken und Schwärmer, Insulin-ähnliche Proteine von *Drosophila*, Relaxine von Vertrebraten sowie die Insulin-ähnlichen Wachstumsfaktoren (IGF). Insulin unterscheidet sich zu IGF-1 oder IGF-2 dadurch, dass nur beim Insulin das C-Peptid während der Modifikation herausgeschnitten wird (Kleine, Rossmanith 2010, S. 74). Reinecke et al. (1997) konnten zeigen, dass in den Bereichen von A- und B-Peptid des IGF-1 zwischen Fischen und Säugern noch eine Sequenzhomologie von über 85% besteht. Auch die Insulin- und IGF-Rezeptoren von Invertebraten wie *C. elegans* und *Drosophila* und von Wirbeltieren sind funktionell und strukturell konserviert. Insulin bindet zwar bevorzugt an Insulin-Rezeptoren und IGFs bevorzugt an IGF-Rezeptoren, mit geringerer Avidität kann aber auch Insulin an IGF-Rezeptoren binden und vice versa. Insulin- und IGF-Rezeptoren finden sich beim Menschen auf fast allen Zellen (Kleine, Rossmanith 2010, S. 73-75).

Bei Säugetieren steigt nach Nahrungsaufnahme die Blutglukosekonzentration und bewirkt die Insulinausschüttung aus dem Pankreas. Das in die Blutbahn freigesetzte Hormon senkt die Blutglukosekonzentration wieder. Dies geschieht, indem Insulin durch die Stimulation von Glukose-Carriern in den Membranen von Muskel-(GLUT4), Fett- (GLUT4) und Leberzellen (GLUT2) deren Aufnahmefähigkeit für Glukose, Aminosäuren und Fettsäuren aus dem Blutplasma erhöht und die Proteinbiosyntheserate und Lipidsynthese in Fettzellen steigert (Schmidt et al. 2010, S. 450).

An Nagetieren und beim Menschen fand man, dass die Insulinsekretion der Pankreas-Betazellen mit zunehmendem Alter schon ab dem 2.-19. Monat einen leichten Rückgang verzeichnet (Rankin, Kushner 2009; Butler et al. 2003). Beim Menschen zeigen ältere Individuen mit Anzeichen einer IGT (*Impaired Glucose Tolerance*) eine noch stärkere Abnahme der Insulinsekretion, während bei Typ-2-Diabetikern überhaupt keine Insulinsekretion mehr festzustellen ist (Masoro, Austad 2011, S. 379).

Dagegen wirkt eine längerfristige Nahrungsrestriktion bei Säugetieren senkend auf den Glukose- und somit auch auf den Insulinspiegel im Blut und erhöht die Insulinsensitivität der entsprechenden Gewebe, was dazu führt, dass weniger Insulin nötig ist, um Insulinrezeptoren für die Aufnahme von Glukose zu stimulieren (Ramsey et al. 2000).

Messungen an gesunden Hundertjährigen zeigten, dass ihre Insulinsensitivität verglichen mit anderen Individuen derselben Population deutlich höher ist (Masoro, Austad 2011, S. 28). Suh et al. konnten an Hundertjährigen der aschkenasischen Juden hingegen zeigen, dass in dieser Population *loss-of-function*-Mutationen im Gen für den IGF-1-Rezeptor[31] überrepräsentiert sind, und bringen das hohe Alter der betroffenen Individuen dieser Population mit den besagten Genveränderungen in Zusammenhang (Suh et al. 2008). Die mit den Mutationen einhergehenden funktionellen Veränderungen betreffen die Bindungsaffinität zwischen IGF-1 und seinen Rezeptoren, welche bei mutierten Rezeptoren um ein 2- bis über 20-faches reduziert ist. Dies veranlasst die

---

[31] Zwei nicht-synonyme Mutationen; 244G>A (Ala-37-Thr) und 1355G>A (Arg-407-His)

Autoren zu der Annahme, dass diese Mutationen zu einer Abnahme des IGF-1-Signals geführt haben (Suh et al. 2008). Der Zusammenhang zwischen der hier beobachteten Reduzierung des IGF-1-Signals und dem häufigen Vorkommen bei Hundertjährigen ist jedenfalls mit der beobachteten Reduzierung der Insulin/Insulin-ähnlichen Hormone und Langlebigkeit bei anderen Säugetieren infolge einer Nahrungsrestriktion konsistent.

4.3 Molekularer Ablauf der nahrungssensitiven Signalkaskade

Bei *C. elegans*, *Drosophila* und Säugetieren ist der II-Signalweg an allen im vorigen Kapitel besprochenen physiologischen Veränderungen beteiligt. Der IIS beginnt damit, dass infolge einer NR im Blutkreislauf weniger Insulin zirkuliert, entsprechend dockt Insulin seltener an Insulinrezeptoren auf den Zellen seines Ziel-gewebes an. Dies führt intrazellulär zur Verringerung des Insulin-Signalwegs, einige Autoren sprechen auch von dessen Hemmung.

Die hauptsächliche Wirkung einer NR auf Alterungsprozesse besteht dann darin, dass im weiteren Verlauf die Aktivität der TOR-Kinase verringert oder gehemmt wird (de Magalhães et al. 2012). Die Hemmung der TOR-Aktivität führt zu verminderten Translationsraten, somit langsamerem Zellwachstum und Zellproliferation, erhöhter Autophagie, verbessertem Energiehaushalt und der Aktivierung von Stressreaktions-Genen (de Magalhães et al. 2012). Das Zusammenspiel dieser Faktoren ist letztendlich für die Verlängerung der Lebensspanne des betreffenden Organismus mit verantwortlich.

Downstream wirkt der IIS bei *C. elegans* auf den Forkhead-Transkriptionsfaktor DAF-16, welcher hier als „Master-Regulator" der Langlebigkeit verstanden wird. Wichtige Komponenten des Signalwegs bei *C. elegans* sind der Insulin-ähnliche Rezeptor DAF-2, die PI-3-Kinase AGE-1, die AKT-Kinase (und seine orthologen Proteine wie AKT-1, AKT-2, und SGK-1) und der zur FOXO-Familie gehörige DAF-16 (Kaeberlein et al. 2006).

Sind die Umweltbedingungen günstig, werden die Insulin-ähnlichen Peptide in sensorischen Neuronen und im Darm synthetisiert. Diese Insulin-ähnlichen Liganden koppeln an DAF-2/Insulin/Insulin-ähnliche Rezeptoren in unterschiedlichen Zielgeweben (Fielenbach, Antebi 2008). Dadurch wird eine Kaskade von Phosphorylierungsschritten bis einschließlich zum Transkriptionsfaktor DAF-16 ausgelöst. Als phosphoryliertes und somit inaktiviertes DAF-16 verbleibt dieses im Zytoplasma und dringt nicht in den Zellkern ein, wodurch die Expression von Programmen, welche die Reproduktion antreiben, fortgeführt wird (Flatt, Heyland 2013, S. 288). Unter ungünstigen Umweltbedingungen oder in Stresssituationen werden weniger Insulin-ähnliche Peptide gebildet und so die IIS-Kaskade herunterreguliert. DAF-16 wird dementsprechend nicht mehr phosphoryliert und kann in den Zellkern eindringen, wo er Gene aktiviert, die zur Bildung des Dauerstadiums führen, eine Resistenz gegen Hitze, ROS, UV und andere Pathogene aufbauen, einen sparsamen Metabolismus gewährleisten und so insgesamt zur Langlebigkeit beitragen (Flatt, Heyland 2013, S. 288; Kaletsky, Murphy 2010).

Bei *Drosophila* werden aus einem Cluster an neurosekretorischen Zellen (mNSC) die sieben *drosophila insulin-like peptides* (*dilps*) sekretiert (Broughton, Partridge 2009). Fliegen, bei denen diese Neuronen abgetragen wurden, zeigten 2-fach erhöhte Nüchternblutzucker-Konzentrationen, was die Bedeutung ihrer *dilps* für die humorale Glukoseaufnahme verdeutlicht (Finch 2007, S. 330). Die Herunterregulierung ihres Signalwegs durch NR führt ebenfalls zur Hemmung des TOR-Signalwegs und zur Überexpression des dFOXO-TFs (drosophilatypischer Transkriptionsfaktor der FOXO-Familie) (Fontana et al. 2010). Gewebe, die auf die Reduzierung der Signalwege reagieren, sind wie bei *C. elegans* der Fettkörper, welcher äquivalent zu dem weißen Fettgewebe und der Leber von Säugetieren ist, und der Darm (Fontana et al. 2010).

Beim Menschen beginnt die Signalkaskade nach Nährstoffaufnahme an den Betazellen des Pankreas und den für Glukose sensiblen Neuronen der hypothalamischen Kerne (Teeuwisse et al. 2012). Verringert sich die Blutglukosekonzentration durch NR unter 5mmol/L, führt dies zur verminderten oder Nicht- Produktion von Insulin in der Bauchspeicheldrüse (de Magalhães et al. 2012) und zur Ausschüttung des Wachstumshormons GH[32] (*Growth hormone*; Somatotropin) in der Hypophyse, wodurch eine Änderung der Energienutzung weg von Kohlenhydraten und Proteinen hin zu Lipiden stattfindet (Møller, Jørgensen 2009; Lim 2010). Zusätzlich schüttet die Magenschleimhaut Ghrelin (*Growth hormon release inducing*) aus, welches beim Menschen ebenfalls hemmend auf die TOR-Aktivität wirkt (Xu et al. 2009). Freigesetztes GH führt in der Leber zur Produktion von IGF-1, welches mit Insulin an Insulin- und IGF-1-Rezeptoren bindet. Durch diese Bindung autophosphorylieren die I/IGF-1-Rezeptoren (Rezeptor-Tyrosinkinasen), wodurch sie aktiviert werden und ein Insulin-Rezeptor-Substratprotein (IRS1) oder das G-Protein RAS (*Rat sarcoma*) binden, wodurch wiederum die Phosphoinositol-3-Kinase (PI3K) gebunden werden kann (de Magalhães et al. 2012).

---

[32] Die metabolische Aufgabe von GH lässt sich am besten als evolutionäre Regeleinheit des Energiehaushalts betrachten. Denn ist genügend Energie verfügbar, ist die GH-induzierte Stimulation von IGF-1 und Insulin wichtig für die anabole Speicherung und das Wachstum (Møller, Jørgensen 2009). Bei Nahrungsknappheit verändert GH den Energieverbrauch weg von Kohlenhydraten und Proteinen hin zur Lipolyse und Lipidoxidation, wodurch lebensnotwendige Proteine erhalten bleiben. Diese Fähigkeit der Stoffwechselumstellung spielt eine wichtige Rolle, wenn es um das Überleben unter Nahrungsknappheit geht und stand evolutionär unter starken selektiven Drücken, wodurch sie entsprechend konserviert wurde (Møller, Jørgensen 2009). Das von der Hypophyse ausgeschüttete Wachstumshormon (GH) dient in erster Linie der Regulation des Wachstums von Skelett und Organen und schafft die dafür erforderlichen metabolischen Voraussetzungen. Seine Wirkung beruht aber auf der Produktion von Somatomedinen, zu denen auch der Insulin-ähnliche Wachstumsfaktor IGF-1 (*Insulin like growth factor-1*) gehört. IGF-1 wird zum größten Teil in der Leber produziert und nimmt das gleiche Signalweg wie Insulin, um Zellen über die Anwesenheit von Glukose zu informieren. Dadurch erhöht es die Proteinsynthese in allen Körperzellen und stimuliert die Zellteilung, wodurch dann das Wachstum gefördert wird (Heldmaier et al. 2013). Von GH weiß man, dass es den Wirkungen von Insulin entgegengesetzt wirkt, da es die Gluconeogenese und Glykogenolyse stimuliert und die Plasmaglukosekonzentration durch die Unterdrückung der Glukoseaufnahme in die Leber- oder Muskelzellen erhöht (Masoro, Austad 2011, S. 27). Die Ausschüttung von GH und die durch GH vermittelte Synthese von IGF-1 in der Leber unterliegen einer negativen Rückkopplung, d. h. dass das ausgeschüttete GH und IGF-1 auf ihre eigene Produktion hemmend wirken (Lim 2010). Eine erhöhte GH-Ausschüttung, aufgrund von Stresssituationen wie z. B. einer Nahrungsrestriktion, kann somit in der Leber zu einer verminderten Produktion von IGF-1 führen (Møller, Jørgensen 2009).

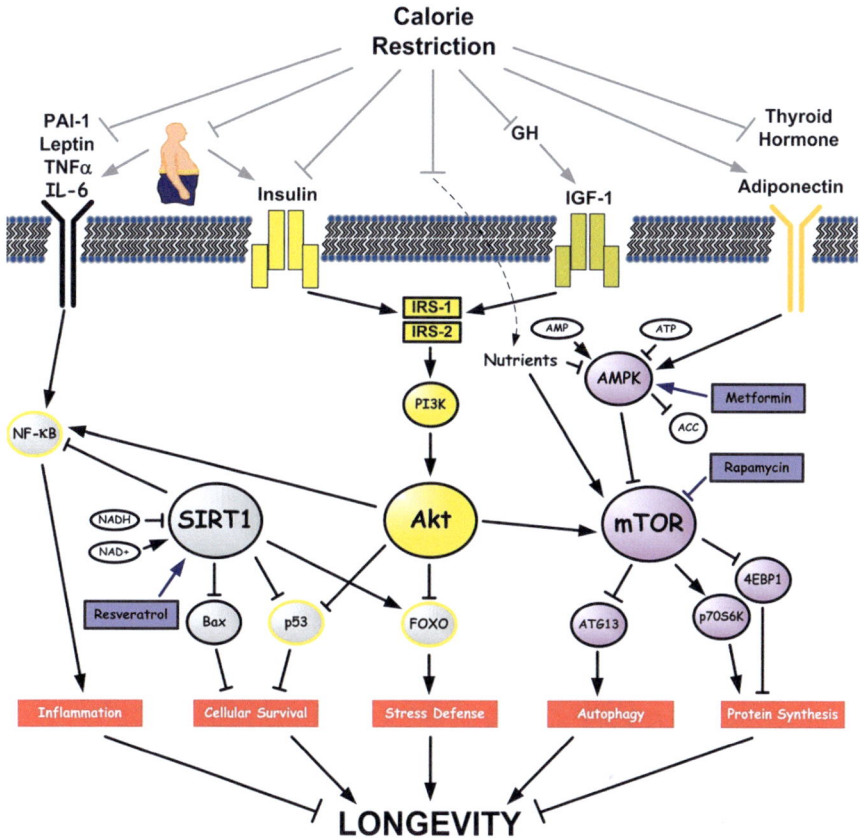

Abb. 15: Die für die Modelierung der Lebensspanne von Säugetieren wichtigsten metabolischen Signalwege. 1: Auswirkung von Umweltfaktoren wie die Kalorienrestriktion. 2: Zelluläre Signalkaskade downstream der Zellrezeptoren. 3: Modelierung der Lebensspanne (Barzilai et al. 2012b). Ein sehr ausführliches Bild des mTOR-Signalwegs liefern ausserdem Laplante und Sabatini 2012 und besonders 2009 mit „mTOR Signaling at a Glance".

Durch die Bindung werden die PI3-Kinasen aktiviert und katalysieren nun die Phosphorylierung von Phosphoinositiden in der Membran. Die PI(4,5)P2 (Phosphatidylinositol-4,5-bisphosphat) wird durch die PI3-Kinase zu PI(3,4,5)P3 (Phosphatidyl-3-Inositol) phosphoryliert, was von größter Bedeutung ist, weil es als Andockstelle für intrazelluläre Signalproteine dient, welche als Signalkomplex Signale von der cytosolischen Seite der Plasmamembran in die Zelle übertragen (Alberts et al. 2011, S. 1053). An der

Plasmamembran bindet PIP3 über eine PH-Domäne (Pleckstrin-Homologie) die beiden Serin/Threonin-Kinasen AKT (Proteinkinase B) und PDK1 (phosphoinositidabhängige Proteinkinase 1). Phosphorylierung bewirkt die Aktivierung von AKT, wodurch weitere Ziele wie die Tumorsuppressoren TSC1/2 und FOXO gehemmt werden (Alberts et al. 2011, S. 1054). Unter normaler Nährstoffzufuhr wird der Repressor FOXO phosphoryliert, damit inaktiviert und seine Wachstumshemmung aufgehoben, so dass es zu normalem Zellwachstum und Proliferation kommen kann. Unter NR wird der FOXO-Transkriptionsfaktor jedoch aktiviert, wodurch sich die Proteintranslation für Zellwachstum und Proliferation verringert (de Magalhães et al. 2012).

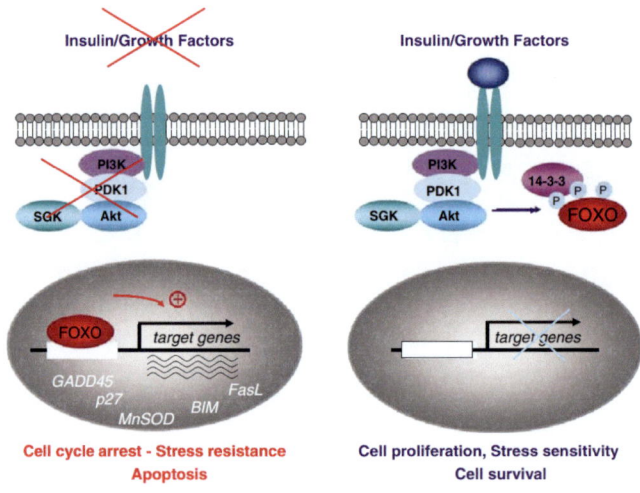

Abb. 16: Insulin-abhängige Aktivierung von FOXO und dessen Zielgenen (Greer, Brunet 2005).

Im Gegenzug werden aber Gene aktiviert, die an einem weiten Feld an Verteidigungsmechanismen wie z. B. zellulären Stressreaktionen, antimikrobieller Aktivität, Detoxifikation von Xenobiotika und freien Radikalen beteiligt sind (Fontana et al. 2010). Beträgt die Blutglukosekonzentration über 5mmol/L, führt auf dem weiteren Signalweg die Hemmung der Tumorsuppressoren TSC1/2 zur Hemmung der GTPase Rheb (*RAS homolog enriched in brain*), wodurch TOR aktiviert wird.

4.4 Effekte der TOR-Hemmung

TOR (*Target of Rapamycin*[33]) ist ein großes Protein (~280kDa) der Gruppe der Phos-
phoinositid-Kinase assoziierten Kinasen Familie (PIKK-Familie) und Bestandteil des
evolutionär hochkonservierten nahrungssensiblen TOR-Signalwegs. Es ist in der
Signalkaskade der Phosphoinositol 3-Kinase (PI3K) und der Proteinkinase B (AKT)
nachgeschaltet (Wullschleger et al. 2006). TOR ist ein vielfältiges Protein, das als
Zentralstelle für eine ganze Reihe an Signaleingängen dient und diese entsprechend an
verschiedene Positionen weiterleitet, von denen einige die Lebensspanne des ganzen
Organismus beeinflussen. Der TOR-Signalweg könnte in Vielzellern zum einen zur
Wachstumskoordination von unterschiedlichen Geweben entstanden sein, zum
anderen aber auch um mit anderen Wachstums-Signalwegen zu interagieren, denn
während der IIS primär die Verarbeitung von Nährstoffsignalen weiterleitet, ist der
TOR-Signalweg zusätzlich noch für andere umweltbedingte Stressfaktoren sensibel
(Masoro, Austad 2011, S. 204-205).

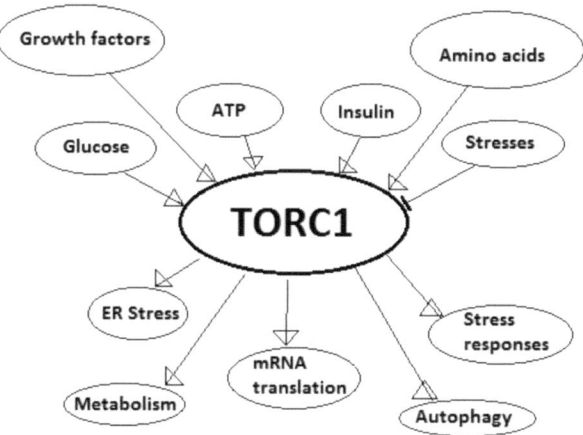

**Abb. 17: TORC1 beeinflussende Umweltfaktoren und die downstream von TORC1 regulierten Ziele
(Masoro, Austad 2011, S. 204).**

---

[33] Rapamycin wurde als erstes in dem Bakterium *Streptomyces hygroscopicus* entdeckt, besitzt die
Fähigkeit TOR zu hemmen, wodurch die Proliferation von Zellen unterdrückt wird (Huang et al.
2003).

Laplante und Sabatini (2012; 2009) zeigten z. B. auch, dass von Zellmembranrezeptoren registrierte Aminosäuren an TOR Signale weiterleiten können, wodurch dieses aktiviert wird. Mutationen an TOR entwickeln speziesübergreifend Phänotypen mit Wachstumsstörungen, welche denen mit NR ähneln (Masoro, Austad 2011, S. 204). Der auf strengen ökonomischen Regelungen beruhende Energiehaushalt der Zelle findet damit im TOR-Signalweg seine Realisierung, er stimmt die Zellaktivitäten mit den verschiedenen Nahrungs- und Stresssignalen aus der Umwelt ab. TOR ermöglicht dies, indem es die Translation von Proteinen, die Stressresistenz und Autophagie mit dem Energiemetabolismus und der Glukosehomöostase reguliert (Kapahi et al. 2010). Ist genügend Nahrung vorhanden, koordiniert TOR die anabolen Aktivitäten der Zelle. Bei Nahrungsmangel wird die Aktivität von TOR durch reduzierte Insulin-/IGF-1-Pegel und dem Mangel an Glukose gehemmt (Tucci 2012).

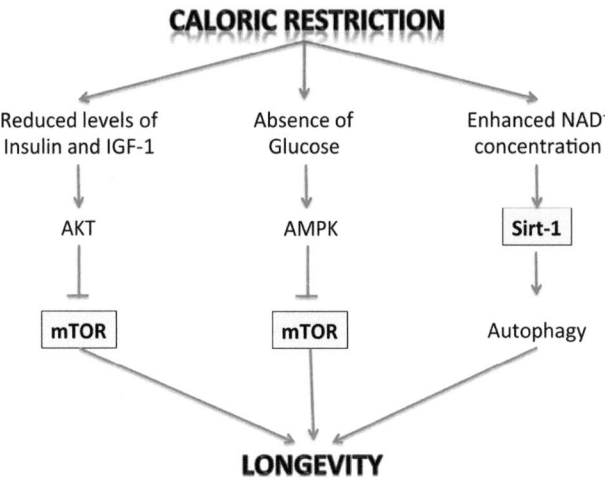

Abb. 18: Die Kalorienrestriktion hemmt/verringert die TOR-Aktivität über reduzierte Insulin/IGF-1-Pegel und über das Fehlen von Glukose (Tucci 2012).

Seine Wachstumssignale werden reduziert und die katabolen Aktivitäten solange erhöht, bis die Zelle, die sich jetzt in einem „survival-mode" befindet, wieder genügend Nährstoffe aus der Umwelt erhält (Masoro, Austad 2011, S. 204). TOR liegt in Säugetierzellen in zwei funktionell unterschiedlichen Komplexen vor. mTORC1 (*mammalian target of rapamycin complex 1*) enthält u. a. das Protein *Raptor*, ist sensibel für Rapamycin und ist für das Größenwachstum der Zelle zuständig. mTORC2 enthält u. a. das Protein *Rictor*, ist rapamycinunempfindlich und kontrolliert das Aktincytoskelett wodurch es die Form der Zelle reguliert (Alberts et al. 2011, S. 1055).

4.4.1 TOR und Proteinsynthese

Eines der beiden Zielproteine zur Proteintranslation von mTORC1 ist die S6-Kinase 1 (S6K1). Unter Nährstoffzufuhr wird sie von mTORC1 phosphoryliert und somit aktiviert, wodurch wiederum das ribosomale S6-Protein phosphoryliert und aktiviert wird. Dies führt zur gesteigerten Fähigkeit von Ribosomen eine bestimmte Untergruppe von mRNAs zu translatieren, die zumeist für Ribosomenbestandteile kodieren, wodurch die Synthese der am Zellwachstum beteiligten Proteine erhöht werden kann (Alberts et al. 2011, S. 1254).

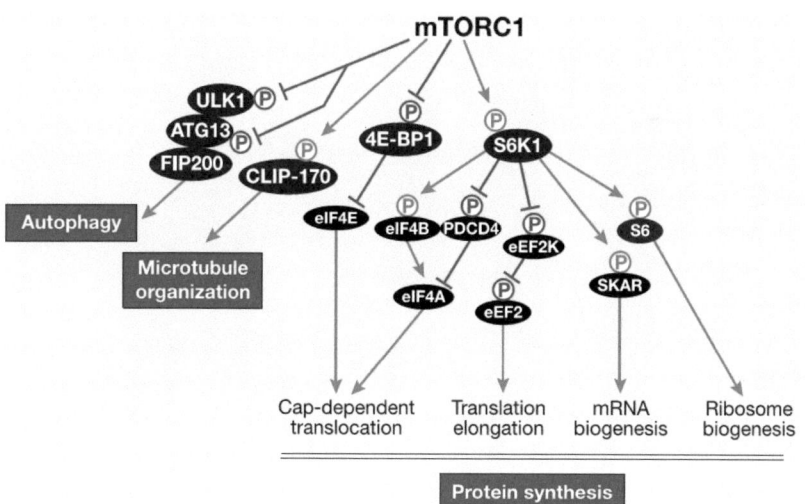

Abb. 19: Die wichtigsten downstream von mTORC1 gelegenen Ziele (Laplante, Sabatini 2009).

Ebenso aktiviert S6K1 z. B. den eukaryotischen Initiationsfaktor 4B (eIF4B). Dieser koppelt für den Start der Translation an den Präinitiationskomplex an und verstärkt die RNA-Helikaseaktivität des eIF4B, was wichtig für die Translation von mRNAs mit langen und unstrukturierten 5′ UTRs ist (Ma, Blenis 2009).

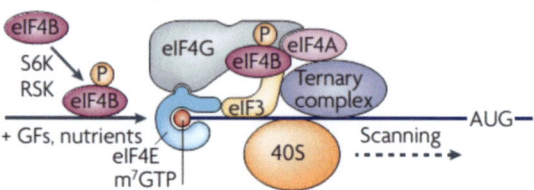

Abb. 20: S6K aktiviert in Abhängigkeit von GF (*Growth factor*) und Nährstoffen den Initiationsfaktor eIF4B (Ma und Blenis 2009).

Nahrungsrestriktion hemmt die TOR-Aktivität. Dies führt zur Hemmung der S6K1-Aktivität, wodurch die Proteintranslation herunterreguliert wird (Gao et al. 2012). Gleichzeitig wird das zweite Zielprotein von mTORC1, der Translationsinhibitor 4EBP1 (*Eukaryotic translation initiation factor 4E-binding protein 1*) nicht mehr phosphoryliert, wodurch er die Initiation der Translation blockiert. Er unterdrückt die Translation durch Bindung des Elongationsfaktors eIF4E, der 5′ an die mRNA-Kappe gebunden ist und für die Initiation der Proteinsynthese zuständig ist (Gao et al. 2012; Ma, Blenis 2009).

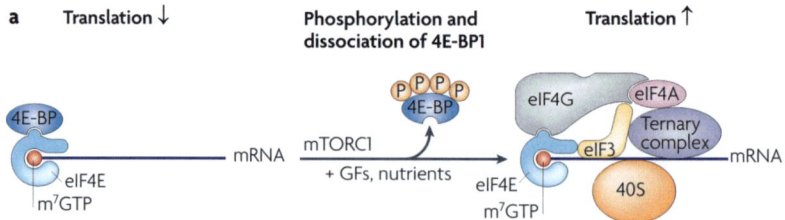

Abb. 21: Unter Nahrungsrestriktion findet keine Translation statt, denn der Translationsinhibitor 4E-BP blockiert den Elongationsfaktor eIF4E. Sind die Umweltbedingungen günstig, wird 4E-BP von mTORC1 phosphoryliert, der Initiationsfaktor eIF4G bindet an eIF4E und die Translation beginnt (Ma und Blenis 2009).

Durch diese Prozesse verringert die Nahrungsrestriktion über TOR das Zellwachstum und die Proliferation. Insgesamt wird eine abnorme Aktivierung des TOR-Signalwegs mit altersbedingten Krankheiten wie Typ-2-Diabetes, Krebs[34], Alzheimer, Parkinson und kardiovaskulären Erkrankungen in Verbindung gebracht (Barzilai et al. 2012b). Zu den durch TOR vermittelten Effekten auf die Lebensspanne gehören die Erhöhung der Autophagierate und eine verbesserte Stressresistenz (Fontana et al. 2010).

4.4.2 TOR und Autophagie

Unter Autophagie versteht man einen intrazellulären enzymatischen Zellmechanismus, wodurch die Zelle mithilfe von Lysosomen die Zellhomöostase regelt. Sie degradiert Zellbestandteile wie Proteine, Lipide, Zucker und Nukleinsäuren je nach Energieverfügbarkeit und Energiebedarf und zersetzt defekte eigene oder fremdartige Bestandteile, wodurch diese zum Recycling bereitstehen (Jung et al. 2010; Díaz-Troya et al. 2008). Bei Hefen, Algen, Pflanzen und Tieren konnten viele verschiedene Proteine nachgewiesen werden, die daran beteiligt sind, den Ablauf der Autophagie zu steuern (Díaz-Troya et al. 2008). Dabei haben die eukaryotischen Zellen die Induktion der Autophagie eng mit der Regulation des Zellwachstums gekoppelt und TOR scheint einer der Hauptkomponenten zur Regulation zwischen Autophagie und Wachstum in Abhängigkeit von Umwelteinflüssen zu sein (Jung et al. 2010). Man unterteilt das Autophagiesystem in Mikro-, Makro-, und Chaperon-vermittelte Autophagie (CMA). Alle drei Arten der Autophagie erfüllen intrazellulär hauptsächlich zwei Funktionen: Sie stellen alternative Energiequellen bereit und haben Anteil an der zellulären Qualitätskontrolle (He, Klionsky 2009).

CMA wird durch oxidativen Stress, Hungerstress und Proteinschädigungen aktiviert. Die CMA in den Zellen von älteren Nagern ist deutlich beeinträchtigt, was möglicherweise auf die Änderung von Lipidkomponenten in lysosomalen Membranen zurückgeht (Rensing, Rippe 2014, S. 25-26). Während das FOXO-System dafür zuständig ist,

---

[34] mTor reguliert zusammen mit dem Transkriptionsfaktor p53 die Apoptose sowie die mit der Verkürzung der Telomere zusammenhängende replikative Seneszenz (Pawlikowski et al. 2013), wodurch es in der Entwicklung von entarteten Zellen einen zentralen Regulator darstellt.

Schutzmechanismen wie SODs (Superoxid-Dismutasen) gegen oxidative Schädigungen zu aktivieren, ist die Makroautophagie für den lysosomalen Abbau von oxidierten Proteinen verantwortlich. In alternden Zellen kommt es im inneren der Lysosomen aber vermehrt zu Ansammlungen von undegradierten Produkten, wodurch die Ansäuerung der Lysosomen herabgesetzt und so ihre Effizienz vermindert ist (Masoro, Austad 2011, S. 305-306). Diese altersbedingte Abnahme der Makroautophagie führt zur Akkumulation von oxidierten Proteinen. Diese können sich durch Bindung mit Peptiden und anderen Molekülen zum Alterungsmarker Lipofuscin verbinden. Lipofuscin beeinträchtigt die Funktion des Proteingleichgewichts (Proteostase) und fördert die Produktion von OH-Radikalen. Die durch oxidativen Stress ausgelöste und erhöhte Aktivität der Insulinrezeptoren im Alter fördert zusätzlich die Lipofuscin-vermittelte Produktion von OH-Radikalen (Rensing, Rippe 2014, S. 25). Die Nahrungsrestriktion kann dies möglicherweise verhindern, denn während Insulin die Makroautophagie hemmt, wird sie durch Glukagon, das während Hungerphasen ausgeschüttet wird, stimuliert (Masoro, Austad 2011, S. 308). Ob das jedoch der altersbedingten Zunahme der basalen Insulinrezeptor-Aktivität entgegenwirkt, ist derzeit noch nicht ausreichend bekannt. Rensing und Rippe (2014, S. 25) geben jedoch dazu an, dass eine NR dies zum Teil verhindern könne.

Der TORC1-Komplex der Hefe und der mTORC1-Komplex der Säugetiere sind bei der Einleitung der Autophagie infolge von NR die Hauptkomponenten. Upstream von TOR existieren zwei separate Signalwege, welche Wachstum und Autophagie regulieren. Der MAP4K3 (*mitogen-activated protein kinase kinase kinase kinase 3*)-Signalweg ist sensibel für die Aminosäure Leucin und vermittelt die Menge an vorhandenen Zellbausteinen, der IIS-AKT-Signalweg ist sensibel für Glukose und vermittelt die Menge an vorhandener Energie.

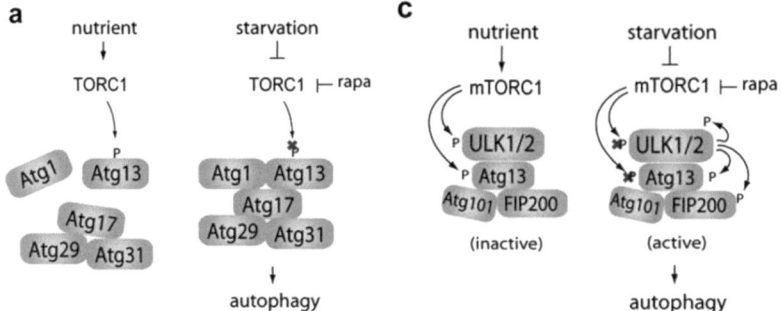

Abb. 22: TOR und die Aktivierung der Makroautophagie in Abhängigkeit des Nährstoffangebots bei a) *S. cerevisiae* **und c)** *H. sapiens* **(Jung et al. 2010)**

Bei NR wird TOR inaktiviert und kann jetzt die downstream liegende Serin/Threonin-Kinase Atg (*autophagy related protein*) nicht mehr phosphorylieren, was zur Formation der präautophagosomalen Struktur (PAS) und zur Bildung der lysosomalen Membran, der ersten Schritte der Autophagie, führt (Jung et al. 2010).

4.5 Effekte der FOXO-Aktivierung

TOR und FOXO werden in der Stoffwechselphysiologie als metabolische Regulatoren betrachtet. Die NR greift als Hungerstress auf diese metabolischen Regulatoren ein und verändert ihre Signale, wodurch im Endeffekt die Lebensspanne von Organismen wahrscheinlich bis hin zum Menschen beeinflusst werden kann.

FOXOs sind Transkriptionsfaktoren mit hochkonservierten DNA-Bindungsdomänen, die man *forkhead box* nennt. Durch Bindung an Promotoren, die das FOXO-Sequenzmotiv TTGTTTAC beinhalten, können FOXOs als transkriptionale Aktivatoren oder Repressoren agieren. Inzwischen sind für Säugetiere vier Isoformen, FOXO1, FOXO3, FOXO4 und FOXO6 bekannt (Oellerich, Potente 2012). Die gewöhnliche Aktivierung des II-Signalwegs bei Nahrungsanwesenheit veranlasst die Phosphorylierung und somit transkriptionelle Inaktivierung von FOXO durch die Proteinkinase-B/AKT.

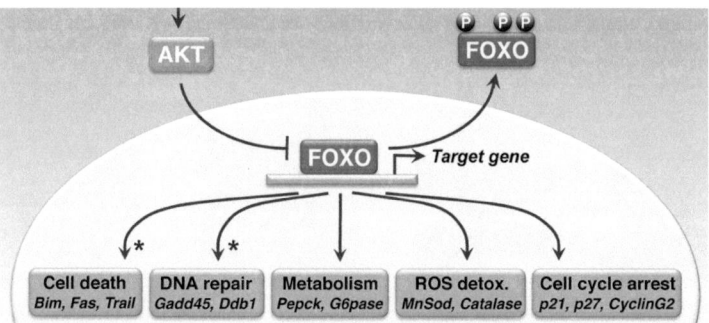

Abb. 23: Die Graphik zeigt die Regulation von FOXO und seiner Downstream-Effektoren über den PI3K-AKT-Signalweg. Die Sterne deuten an, dass FOXO auf DNA-Reparatur und Zelltod bidirektional in Abhängigkeit der bestehenden Stresssignale wirkt (Oellerich, Potente 2012).

Bei Nahrungsmangel ist der PI3K-AKT-Signalweg aber gehemmt, wodurch FOXOs aktiviert werden, in den Zellkern eindringen und dann daran beteiligt sind, den Metabolismus und die Stressresistenz an den Nahrungsmangel anzupassen, indem sie die Expression von verschiedenen Genen antreiben (Oellerich, Potente 2012).

Für eine Vielzahl von altersbedingten Krankheiten sowie für den Alterungsprozess selbst macht man oxidativen Stress verantwortlich oder rechnet ihm zumindest einen gewissen Beitrag daran zu. Unter oxidativem Stress fast man Schäden an Makromolekülen wie der mt- und Kern-DNA sowie an Proteinen und Membranlipiden zusammen, die durch reaktive Radikale verursacht werden. Oxidative Stressoren endogener Herkunft sind ROS (*reactive oxygen species*), Oxidasen – sie katalysieren Prozesse, durch die ROS entstehen – sowie während Entzündungsreaktionen durch Immunzellen produzierte ROS. Exogene Faktoren für ROS in der Zelle sind Metalle, hochenergetische Strahlung und Hypoxie (Rensing, Rippe 2014, S. 28). Auf die kontroverse Sachlage hinsichtlich der Auswirkungen von oxidativem Stress ist im 2. Kapitel dieser Arbeit ausführlicher eingegangen worden. Die durch Nahrungsrestriktion ausgelöste Aktivierung von FOXO stimuliert im Zellkern u. a. die Produktion von manganabhängigen Superoxid-Dismutasen (MnSOD) in Mitochondrien und von Katalasen in Peroxisomen. Die in genau geregelten gleichen Anteilen stattfindende Synthetisierung der verschiedenen antioxidant wirkenden Enzyme wird schon bei steigendem oxidativem Stress erhöht, was z. B. auch bei sportlicher Aktivität zu beobachten ist.

In diesen Vorgängen wird FOXO auch von SIRT1 unterstützt. Sirtuine finden sich z. B. in Hefen, Bakterien und allen Tieren, bei denen sie im Nukleus, Zytoplasma und in den Mitochondrien in 7 unterschiedlichen Varianten vorliegen. Der Einfluss des Enzyms auf die Alterung wurde von Guarente in den 90er Jahren an *S. cerevisiae* entdeckt (Masoro, Austad 2011, S. 244-246). Das in Säugetieren vorkommende SIRT1 wird aufgrund niedriger Energiezustände durch Umwelteinflüsse wie NR oder sportliche Betätigung (beide führen zu einer Erhöhung der NAD⁺-Level (Nicotinsäureamidadenindinucleotid)), sowie durch Resveratrol[35], dem Polyphenol, das auch in roten Weintrauben zu finden ist, aktiviert (Masoro, Austad 2011, S. 248). SIRT1 deacetyliert FOXO, wodurch dieses nun aktiv ist. SIRT1 und FOXO kontrollieren dann u. a. die Expression von Genen, deren Produkte an antioxidanten Mechanismen beteiligt sind (z. B. MnSod, Katalase, Selenoprotein P) und unterstützen die DNA-Reparatur durch die Aktivierung des Gens *GADD45a* (*growth arrest and DNA-damage-inducible, alpha*) sowie NBS1- (*Nijmegen breakage syndrome*) und WRN- (*Werner Syndrome*) Helicasen (Oellerich, Potente 2012).

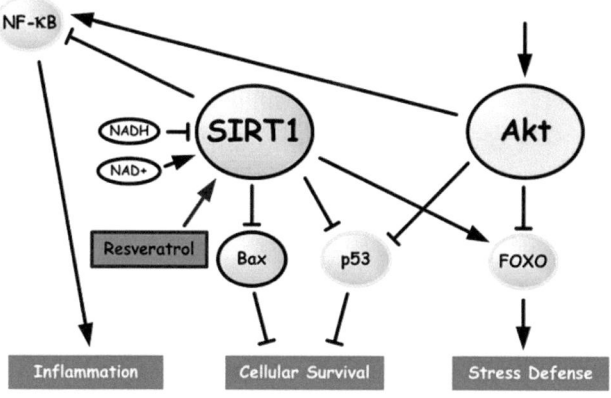

Abb. 24: SIRT1 und Akt regulieren FOXO (Barzilai et al. 2012b).

---

[35] Hector et al. (2012) zeigten in einer Meta-Analyse, dass Resveratrol die Lebensspanne von Maus, *Drosophila*, *Nothobranchius* und anderen Modelorganismen verlängert.

Während der Transkriptionsfaktor DAF-16/FOXO bei Nematoden und Fliegen erheblich an der Modellierung der Lebensspanne beteiligt ist, sind die Effekte einer Überexpression der vier FOXO-Varianten bei Mäusen sowie ihrer Rolle während einer NR noch nicht eindeutig belegt (López-Otín et al. 2013). Beim Menschen wurde zumindest in acht unabhängigen Studien gezeigt, dass das Auftreten der Variante FOXO-3A positiv mit der Lebensspanne korreliert (Barzilai et al. 2010). Des Weiteren konnten Mercken et al. (2013) durch Untersuchung der Skelettmuskulatur bei Ratten und Menschen sogar erstmalig veränderte Genexpressionsmuster und Signalwege durch NR registrieren. So kam es infolge einer NR (Mensch 30%, Ratte 40%) zu einer 1,7- bis 2-fachen Herunterregulierung des PI3K- und Akt-Signals, was zu einer deutlichen Hochregulierung von FOXO-3A und FOXO-4 führte (Mercken et al. 2013). Die Autoren konnten außerdem nachweisen, dass die NR die Expression der Transkripte downstream von FOXO wie z. B. wichtiger antioxidativ wirkender Enzyme wie SOD2 (*superoxide dismutase 2*) und Moleküle, die an der DNA-Reparatur beteiligt sind wie DDB1 (*damage-specific DNA binding protein 1*) hochregulierte und u. a. CyclinD2, ein Hauptregulator der Zellzyklusprogression deutlich herunterregulierte (Mercken et al. 2013). Bei beiden Spezies wurden ähnliche physiologische, hormonelle und biochemische Reaktionen auf die NR beobachtet, aufgrund derer die Autoren davon ausgehen, dass die positiven Effekte einer NR zu einer gesünderen, längeren Lebensdauer auch beim Menschen führen. Insgesamt fanden sie beim Menschen 37 und bei der Ratte 91 durch die NR hochregulierte Gene oder Signalwege. Durch die NR herunterregulierte Gene oder Signalwege fanden sie beim Menschen 456 und bei der Ratte 141. Von allen hoch- oder herunterregulierten Genen oder Signalwegen waren 93 Signalwege und 83 Gene zwischen Ratte und Mensch identisch. Diese erfüllten bei beiden Spezies ähnliche Funktionen wie z. B. die Regulierung des Energiemetabolismus, des Il-Signals oder der Entzündungsreaktionen (Mercken et al. 2013).

Nothing in Biology Makes Sense
Except in the Light of Evolution

Theodosius Dobzhansky

Hormesis does not Makes Sense
Except in the Light of TOR-driven Aging[36]

Mikhail V. Blagosklonny

5 Potential der Nahrungsrestriktion aus evolutionärer Sicht

In diesem Kapitel sollen die Ursachen der Reaktionen auf die Nahrungsrestriktion der Modellorganismen und des Menschen miteinander verglichen werden. Die Klärung der Frage warum *C. elegans*, *Drosophila* und Nagetiere auf Nahrungsrestriktion mit einer Verlängerung der mittleren und maximalen Lebensspanne reagieren, könnte dabei helfen, eine Voraussage darüber zu machen, ob die NR auch die Lebensspanne des Menschen zu verlängern vermag.

Die Grundannahme dieser Arbeit, dass die Effekte der Nahrungsrestriktion eine direkte evolutionäre Anpassung repräsentieren, stellt für Kirkwood und Shanley (2005) unter dem Aspekt der evolutionären Signifikanz der Effekte einer Nahrungsrestriktion auf die Lebensspanne die wichtigste von drei möglichen Annahmen dar[37]. Dementsprechend sollte der Stärkegrad der Effekte auf die Lebensspanne von der Art sowie ihrer Länge oder Stärke der Hungerperioden abhängig sein, aus der die Anpassung hervorgeht. Denn damit Tiere mit der in der Natur ständig wechselnden Nahrungsmenge fertig werden, haben sich während der Evolution unterschiedliche Strategien entwickelt. Auf jahreszeitlich zyklische Veränderungen reagieren manche Tiere z. B. mit dem Winter-schlaf oder anderen den Stoffwechsel herunterregulierenden Mechanismen. Auf eher nicht-zyklische Veränderungen, bei denen eine Nahrungsknappheit nicht vorhersehbar

---

[36] Nach Dhurandhar et al. (2013) und Blagosklonny (2011) ist die Wirkung einer NR vergleichbar mit allgemeinen Stresssymptomen. Gemäß der Hormesis Theorie, nach der bestimmte Stressoren in niedrigen Dosen für die Gesundheit positive Effekte haben, kann die NR nach Blagosklonny (2011) und Dhurandhar et al. (2013) ebenfalls zu den hormetisch wirkenden Stressoren gezählt werden, wobei der TOR-Signalweg die Vermittlungsrolle einnimmt.

[37] Ihre zweite Annahme geht davon aus, dass die Effekte der Nahrungsrestriktion auf die Lebensspanne durch Mechanismen vermittelt werden, die nicht direkt einer Anpassung entspringen. Ihre dritte Annahme geht davon aus, dass die Effekte der Nahrungsrestriktion auf die Lebensspanne eine Reaktion ohne besondere Relevanz für die evolutionäre Regulation der Langlebigkeit darstellen.

war, haben sich plastischere Strategien entwickelt, mit denen ein Organismus seine noch vorhandenen Ressourcen zwischen Fortpflanzung und Körpererhaltung umverteilen kann (Kirkwood 2000 S. 208). Da lebenslange Studien am Menschen aber nicht durchgeführt werden können, müssen solche Fragen auf andere Weise geklärt werden. Vergleiche der Adaptationen der Modellorganismen und des Menschen an Hungerperioden sowie Beobachtungen an menschlichen Bevölkerungsgruppen, die aus natürlichen Gründen unter Nahrungsrestriktion leben, können hier Hinweise geben.

5.1 Lebenszyklusstrategien: Verteilung der Ressourcen

Ein zentrales Ziel der Evolutionsbiologie ist das Verständnis der molekularen Mechanismen, die Energieressourcen zwischen Prozessen zur Förderung der Langlebigkeit und Prozessen zur Förderung der Reproduktion aufteilen (*resource allocation*). Das Verständnis der molekularen Abläufe der Lebenszyklusstrategien (*life-history-strategies*) kann dabei helfen, die zugrundeliegenden genetischen Marker den sie prägenden ökologischen Faktoren zuzuordnen. Dadurch steigt das Verständnis der Anpassungsvorgänge von Organismen an ihre Umwelt (Remolina 2011).

Bereits Kirkwood´s *Disposable-Soma*-Theorie des Alterns beruht auf der Erklärung einer Verteilung von Energieressourcen. Für Kirkwood sind die evolutionären Ursprünge des Alterns darin zu finden, dass bei der Entstehung der Metazoa einige Zellen die Fortpflanzungsfunktion der Keimbahn erhielten und andere die Aufgabe der Körpererhaltung (Kirkwood 2000, S. 93). Den Zellen der Keimbahn wird demzufolge aufgrund von begrenzten Ressourcen mehr Energie für Instandhaltung und Reparatur zugeteilt als den Somazellen. Hierbei handelt es sich aber um einen während der Evolution der Metazoa festgelegten und somit während eines Individuallebens etwa durch Umweltfaktoren nicht beeinflussbaren Mechanismus.

Ein ähnliches Prinzip liegt auch vor, wenn es um die Aufteilung der Ressourcen zwischen Nachkommen und der eigenen Langlebigkeit geht. Dieses Verteilungssystem wird von den herrschenden Umweltbedingungen modelliert. Ein gut bekanntes Phänomen der NR-Studien an Modellorganismen ist, dass zwar mit abnehmender

Nahrungsmenge signifikant weniger altersabhängige Pathologien auftreten und die Lebensspanne steigt, dafür aber weniger oder gar keine Nachkommen mehr erzeugt werden. Kirkwood (2000) und Holliday (2007) gehen davon aus, dass bei adäquater Nahrungsverfügung die Nahrungsenergie für Reproduktion und Langlebigkeit etwa gleichermaßen verteilt wird. Jedoch kann bei Nahrungsmangel die Reproduktion für Nachkommen und Eltern besonders nachteilig sein. Denn Organismen müssen während Nahrungsmangel in ein erhöhtes Instandhaltungsniveau versetzt werden, um mit den höheren Herausforderungen, Risiken und Belastungen zurechtzukommen. Sie müssen während Zeiten des Nahrungsmangels härter um Nahrung kämpfen und werden auch versuchen, unbekannte, potentiell schädliche Nahrung zu sich zu nehmen. Deshalb wird entsprechend die Zuteilung der Energie zur Fortpflanzung aufgehoben und vermehrt in die Körperinstandhaltung investiert.

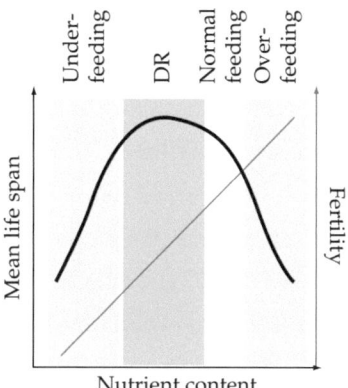

Abb. 25: Die Reproduktionsrate steigt mit steigendem Nahrungsangebot (konstante Steigung der Geraden). Die Nahrungsmenge zum Erreichen der längsten Lebensspanne liegt im mittleren Bereich der NR (Glockenkurve). Bei Nahrungsüberschuss nimmt die Lebensspanne ab (Flatt, Heyland 2013, S. 180).

Bei wieder einsetzendem adäquaten Nahrungsangebot kann dann wieder vermehrt in die Fortpflanzung investiert werden, ohne in der Zwischenzeit erheblich gealtert zu sein (Kirkwood 2000, S. 209). Da die Menge der Nahrungsressourcen also variiert, ist die Fitness eines Tieres größer, wenn es unter Nahrungsmangel statt in Nachkommen

in die Erhaltung des Körpers investiert, um dann bei wieder eintretendem Nahrungsüberschuss in mehr Nachkommen zu investieren (Holliday 2007). Die Mechanismen
des II-Signalwegs bestätigen dies, indem bei Anwesenheit von Nahrung TOR aktiviert
und FOXO deaktiviert bleibt, wodurch besondere Schutzmechanismen nicht aktiviert
werden.

5.2 Anpassungen an extreme Umweltbedingungen

Alle Organismen besitzen Anpassungen, welche ihnen beim Überleben und bei der
Fortpflanzung helfen. Die Faktoren der ökologischen Nische einer Spezies unterliegen
jedoch einem ständigen natürlichen Wandel. Neben sich veränderndem Prädatoren-
druck, Infektionsgefahren und Nahrungskonkurrenz bilden die zyklischen und azykli-
schen klimatischen Veränderungen der Umweltfaktoren starke natürliche Selektions-
faktoren. Es gibt Zeiten der Nahrungsfülle und Zeiten der Nahrungsknappheit. Kann
das Tier den widrigen Umweltbedingungen nicht entkommen, ist es für den Organismus besonders wichtig, diese Periode lange genug zu überleben, um sich mindestens
einmal in seinem Leben reproduziert zu haben. Perioden mit Nahrungsknappheit
stellen somit einen Flaschenhals-Effekt dar, bei dem nur diejenigen Individuen überleben, die in einen *„survival-mode"* wechseln können (Baudisch 2008). Die Überlebens-
Mechanismen der verschiedenen Spezies sind adaptierte genetische und physiologische Spezialisierungen, die dabei helfen, zeitlich begrenzte Hitze, Kälte, Trockenheit
oder Nahrungsknappheit zu überleben. Organismen können an zyklische und azykli-
sche Umweltveränderungen angepasst sein. Endokrinologisch spiegelt sich die evolutionäre Adaptation in festgelegten neurohormonellen Aktivitäten wieder. Tiere in
Breiten mit hohen jährlichen Klimaschwankungen sind an die sich mit den Jahreszeiten
verändernden Temperaturen und dem dadurch wechselnden Nahrungsangebot
angepasst. Diese Spezialisierungen, allgemein als Dormanz bezeichnet, äußern sich in
Phasen der Inaktivität, während denen das Tier auf endogene Energiereserven zum
Überleben zurückgreift. Zustände der Dormanz gehen einher mit einer starken Ein-
schränkung der Beweglichkeit, Rückgang der Metabolismusrate und erhöhter physio-

logischer Widerstandsfähigkeit gegenüber den belastenden äußeren Bedingungen (Sadava et al. 2011, S. 1512). Solche Überlebensstrategien sind z. B. die Hibernation, Torpor, Anhydrobiose, Diapause und die Ästivation (Reilly et al. 2013). Die Dauer und Stärke der beschriebenen physiologischen Reaktionen kann stark variieren, wobei meist für eine lang andauernde Reaktion auch ein gemäß dieser Dauer lang anhaltender äußerer Stimulus notwendig ist. Sobald der Stimulus stoppt, kommt es meist zur Beendigung der körperlichen Reaktion und zur Rückkehr zur Ausgangssituation.

5.3 Insulinsignalweg als *Multitool*

Stoffwechselregulierende Mechanismen wie Winterschlaf und Diapause stellen eher Spezialisierungen von einigen Spezies in extremen Habitaten dar, die sich in evolutionär jüngeren Stadien an extreme Habitate angepasst haben. Aber auch diese Mechanismen basieren auf dem II-Signalweg, welcher damit der Nutzung eines „*Multitools*" gleicht. Die „Extremisten" bauten seine Fähigkeiten nur weiter aus, was auf das Evolutionsprinzip der Umformung und Neukombination von bereits Vorhandenem hindeutet, das François Jacob mit dem Begriff des „*tinkering*" (basteln) bezeichnete und prägte (Jacob 1977). Gould und Vrba führten in diesem Zusammenhang auch den Begriff „Exaptation" ein und bezeichneten damit die Fähigkeit, Anpassungen aus ursprünglicher Spezialisierung einfach auf neue, ähnliche Umweltbedingungen anzuwenden, wodurch sich die Anzahl der notwendigen darwinschen Selektionsereignisse verringert (Gould, Vrba 1982).

Eine der ersten Studien, die genomweite Genexpressionsmuster von winterschlafenden Tieren (Arktischer Ziesel) mit den Genexpressionsmustern von Tieren unter Nahrungsrestriktion (Maus) und anderen ähnlichen Phänotypen verglichen hat, fertigten Xu et al. (2013) an. Sie konnten zeigen, dass die molekularen Signaturen zwischen winterschlafenden Tieren und Tieren unter NR viele Ähnlichkeiten aufweisen. In beiden Fällen fand z. B. eine Überexpression von Genen statt, die für die Glukoneogenese (*PCK1*) zuständig sind, sowie eine Unterexpression von Genen welche die Biogenese von Triglyceriden (*ELOVL6*, *LPIN2*) regulieren. Demzufolge besaßen winterschlafende Tiere und NR-Tiere gleiche Blutglukose- und Blutinsulinveränderungen, NR-Tiere neigten ebenfalls zu niedrigeren Körpertemperaturen und Torpor-ähnlichen Zuständen, beider Energiequellen des Stoffwechsels änderten sich und regulatorische Einheiten, welche das Zellwachstum hemmten, wurden aktiviert (Xu et al. 2013).

5.4 Anpassungen des Menschen, *Thrifty Geno-/Phenotype*

Der Mensch hat auf seiner Evolutionslinie einige wichtige Neuadaptationen an Nahrungsgewohnheiten und Nahrungsmittel erfahren, welche sein starkes Populationswachstum und seine hohe Ausbreitung über die Kontinente erheblich unterstützten. Essentiell für den evolutionären Erfolg von *Homo erectus* und *Homo sapiens* war z. B. nach Wrangham (2013)[38] die höhere Energieausbeute durch den Verzehr von gekochter gegenüber roher Nahrung. Das Erhitzen von Nahrung reduziert die Keimmenge, verringert unverträgliche Inhaltsstoffe von Pflanzen, macht Fleisch länger haltbar und zersetzt faserreiche, harte Knollen und andere Pflanzenbestandteile. Typische Anpassungen an den Verzehr von gekochter Nahrung sind die Reduzierung des Verdauungsapparats[39], die Reduzierung der Zahngröße und des Zahnschmelzes. Obwohl die Art und Zusammensetzung der Nahrungsmittel kulturell spezifisch stark variieren, ist nach Wranham ein interkulturell kennzeichnendes Merkmal der menschlichen Nahrungsgewohnheit das Kochen der Nahrung (Wrangham 2009).

Eine weitere, aber in wesentlich jüngerer Zeit und deshalb regional begrenzt entstandene Spezialisierung zur Verwertung von Nahrungsmitteln, ist die Laktasepersistenz. Diese erst infolge der neolithischen Revolution entstandene Fähigkeit der Nutzung von Milchprodukten auch im Erwachsenenalter bot eine erhebliche Fitnesssteigerung und zeigt entsprechend eine starke Ausbreitung unter neolithischen Bauern mit Viehzucht (Gerbault et al. 2011).

---

[38] Kürzlich entdeckte archäologische Hinweise könnten nun Wranghams „Koch-Hypothese", dass bereits *Homo erectus* mit dem Gebrauch von Feuer vertraut war, bestätigen. 2012 konnten mikrostratigraphische Untersuchungen in der *Wonderwerk Cave*, Südafrika, den ältesten Nachweis des Gebrauchs von Feuer von zuvor 400 TJ nun auf 1 MJ zurückdatieren (Berna et al. 2012).

[39] Einige ältere Hypothesen gingen von hohem Fleischverzehr als wichtigster Ursache für den reduzierten Verdauungsapparat ähnlich dem von Karnivoren aus.

Gegenüber den erkennbaren anatomischen und bereits nachgewiesenen physiologischen Anpassungen des Menschen, wird über Veränderungen von Stoffwechselmechanismen diskutiert, welche den Menschen während seiner Phylogenese zu einem sparsameren Metabolismus verholfen haben sollen. In diesem Zusammenhang werden die *Thrifty-* (Neel 1962) und *Drifty-Genotype-* (Speakman 2008) Hypothese sowie die *Thrifty-Phenotype*-Hypothese (Hales, Barker 1992) erwähnt. Neel (1962) begründete die damals steigende hohe Diabetes-inzidenz damit, dass es während der Evolution einiger menschlicher Populationen häufig zu Hungerperioden gekommen wäre, die selektive Drücke für einen sparsamen Metabolismus gebildet hätten. Dieser früher adaptierte Selektionsvorteil des sparsamen Metabolismus würde aber heute unter Nahrungsüberfluss zu Krankheiten wie Diabetes führen. Speakman (2008) argumentierte jedoch gegen diese Hypothese. Seine Hauptargumente sind, dass während einer Hungersnot mehr Menschen an Infektionen und Pflanzengiften sterben würden als an Hunger. Auch würde ein Beweis dafür fehlen, dass Übergewichtige während Hungerperioden eine geringere Sterblichkeit besäßen und somit ihr Haplotyp sich weiter verbreitet hätte. Außerdem zeige sich auch nicht, dass es bei Populationen, die unter schwankendem Nahrungsangebot leben, in Perioden mit Nahrungsüberfluss zu einer Zunahme des Körpergewichts kommen würde. Speakman schlägt in seiner Formulierung der *Drifty-Genotype*-Hypothese vor, dass Gene zur Regulation der Fettspeicherung unter anzestralen Populationen neutral verdrifteten, da ihr Metabolismus nicht mit übermäßiger Fettaufnahme konfrontiert war. Ihr heutiges Verteilungsmuster würde deshalb eher ein Ergebnis der genetischen Drift darstellen (Speakman 2008). Während die *Thrifty-* und *Drifty-Genotype*-Hypothesen das heutige Auftreten von Übergewicht und Diabetes mit evolutionären Prozessen während der Phylogenese erklären, greift die *Thrifty-Phenotype*-Hypothese als Erklärung auf die Wechselwirkungen zwischen fetalen Entwicklungsprozessen und der Umwelt und des Ernährungszustands der Mutter zurück (Barnes, Ozanne 2011). Maßgeblich an der Formulierung dieser Hypothese beteiligt waren Hales und Barker (1992). Sie entdeckten, dass bei Mangelernährung der Mutter epigenetische Marker intrauterin einen sparsamen Phänotyp des Kindes erzeugen, der aber wiederum bei späterem Überangebot an

Nahrung ein erhöhtes T2D Risiko besitzt. Inzwischen konnte die *Thrifty-Phenotype-Hypothesis* in vielen Studien, wie z. B. von Vaag et al. (2012), bestätigt werden. Für die Verifikation oder Falsifikation der *Thrifty-Genotype*-Hypothese können verschiedene Studien in Betracht gezogen werden. Haygood et al. (2007) zeigten z. B., dass während der Evolution des Menschen die Promotor-Region vieler besonders am Glukose-Metabolismus beteiligter Gene unter positiver Selektion standen. Dagegen fanden Ayub et al. (2014) bei der Suche nach positiver Selektion in 65 mit dem Auftreten des T2D assoziierten Loci im Genom von Afrikanern, Europäern und Ost-Asiaten, dass zwischen der Selektion für sparsame Allele in der frühen menschlichen Phylogenese und der Häufigkeit von T2D unter heutigen modernen Populationen kein Zusammenhang besteht.

Schwarz et al. begrenzten sich auf die Untersuchung bestimmter Regionen oder Polymorphismen des *ADIPOQ*-Gens, das mit dem Vorkommen von T2D bei verschiedenen rezenten Populationen assoziiert. *ADIPOQ* kodiert für Adiponektin, welches daran beteiligt ist, die Sensitivität der Insulinrezeptoren zu erhöhen. 2006 konnten sie einen positiven Nachweis für die Promotorregion von *ADIPOQ* erbringen. Hier assoziierten verschiedene genetische Variationen dieser Region mit einem erhöhten T2D Risiko innerhalb einer Population von Deutsch-Kaukasiern (Schwarz et al. 2006). Damit erweiterten sie die zuvor belegte Assoziation von Vasseur et al. (2002) bei Französisch-Kaukasiern und Gu et al. (2004) bei Schwedisch-Kaukasiern. In einer Meta-Analyse fanden Schwarz et al. (2009) des Weiteren, dass der C-11377G-Locus, ein bestimmter SNP (*single-nucleotide polymorphism*) innerhalb des *ADIPOQ*-Gens, unter Südafrikanern, Kubanern und Deutsch-Kaukasiern nur bei Kubanern mit erhöhtem Risiko an T2D zu erkranken verbunden ist. Auch Wu et al. (2014) fanden in ihrer Meta-Analyse mit 2.819 Übergewichtigen und 3.024 Kontrollpersonen eine Assoziation des *ADIPOQ*-rs2241766 Polymorphismus innerhalb der chinesischen Population.

Die Ergebnisse von Schwarz et al. (2006, 2009) deuten darauf hin, dass spezifische Veränderung wie die des *ADIPOQ*-Gens oder seiner Promotorregion erst innerhalb oder nach der letzten großen Ausbreitungswelle von *Homo sapiens* vor 60.000 - 5.000 Jahren aus Afrika entstanden sind (*Thrifty Late Hypothesis*), denn eine früher stattgefundene Selektion sparsamer und unter heutigen Bedingungen für T2D anfälliger Allele sollte sich auf alle heute existierenden Populationen ausgewirkt haben (*Thrifty Early Hypothesis*) (Ayub et al. 2014).

Ein sparsamer Genotyp kann aber nicht allein dem Menschen zugerechnet werden, denn schließlich erhöht ein effektiver Metabolismus die Fitness eines jeden Organismus. So konnten z. B. auch Lin et al. (2011) nachweisen, dass *ADIPOQ* und andere am Fett-Metabolismus beteiligten Gene schon während der Evolution von Plazentaliern, Primaten und Nagetieren unter positiver Selektion standen. Dementsprechend kann Typ-1- und Typ-2-Diabetes unter ungünstigen Umweltbedingungen auch bei anderen Säugetieren auftreten (King 2012; Rand et al. 2003).

5.5 Einfluss von Hungerperioden

Bei Tieren kommt es infolge einer Nahrungsrestriktion deshalb zu einer Verlängerung der Lebensspanne, weil sie bestimmte adaptierte Mechanismen besitzen, die unter Nahrungsrestriktion aktiviert werden. Beim Menschen sollte ebenfalls eine Verlängerung der Lebensspanne erwartet werden, wenn er während seiner paläolithischen und neolithischen Phylogenese ähnliche, Nahrungsmangel-*„bottlenecks"* überstanden hat.

Das Kapitel der Anpassungen an extreme Umweltbedingungen der verschiedenen Tiergruppen zeigt, dass Tiere je nach Dauer und Stärke der belastenden Umweltfaktoren entsprechend unterschiedliche oder ähnliche Stoffwechselmechanismen entwickelt haben, aufgrund derer sie ungünstige Umweltbedingungen eine bestimmte Zeit lang überdauern können. Dass es während der phylogenetischen Entwicklung des Menschen zu bestimmten Adaptationen gekommen ist, die ihm möglicherweise auch dabei geholfen haben z. B. Hungerperioden besser zu überstehen, kann aus den Ergebnissen der oben aufgeführten Studien abgeleitet werden.

Die paleopathologischen Befunde, die als Anzeiger von Hungerperioden während der Evolution der Homininen vorliegen, geben aufgrund der geringen Fundsituation an Fossilien jedoch keine eindeutigen Hinweise darauf, dass der Mensch in seiner Frühphase regelmäßig langandauernde, gravierende Hungersnöte überleben musste.

Dementsprechend divergieren die Auffassungen über den Einfluss von Hungerperioden seitens der Paleopathologie. Z. B. gehen Gall und Saxe (1977) davon aus, dass erst infolge der neolithischen Revolution die Sesshaftwerdung durch das Betreiben einer intensiven Agrikultur gegenüber dem Jäger- und Sammlertum zu episodischen Hungersnöten geführt hätte, während Ammerman (1975) schätzt, dass prähistorische Populationen extrem lebensfeindlichen Umwelten mit einer hohen Rate an periodischen Hungersnöten ausgesetzt waren (Cohen, Armelagos 2013, S. 2-3).

Hilfreicher sind Rekonstruktionen der ökologischen Verhältnisse der Paleohabitate von Tier und Mensch. Grundsätzlich wird angenommen, dass der Hauptfaktor der selektiven Drücke für überlebensfähigere Organismen die Dauer und Intensität von Hungerperioden in der Natur sind (de Grey 2005; Holliday 2006). Jede Spezies ist an ein spezifisches Habitat angepasst, manche leben in einer Umwelt mit schwankendem, andere unter konstantem Nahrungsangebot. Für diejenigen, die während ihrer Evolution kaum Perioden mit Nahrungsmangel erlitten haben, geht man davon aus, dass diese auf eine Nahrungsrestriktion kaum mit einer Lebensverlängerung reagieren (Holliday 2006). So wurde z. B. gezeigt, dass die Lebensspanne von Stubenfliegen (Cooper et al. 2004)[40], bestimmten *Drosophila*-Linien (Libert et al. 2007), in der Wildnis gefangenen Mäusen (Harper et al. 2006) und verschiedenen Maus-Linien (Goodrick 1978) kaum oder überhaupt nicht von einer NR beeinflusst wurde (Flatt, Heyland 2013, S. 180). Die letzte Auswertung der NIA- und WNPRC-Studie von Colman et al. (2014) deutet jedenfalls darauf hin, dass Affen unter NR durch die Verbesserung einiger relevanter Gesundheitsparameter insgesamt höhere Lebensspannen erreichen können.

Generell werden kurzlebige und kleine Spezies von Hungerperioden stärker beeinflusst als große und langlebige Tiere. Kleine Tiere sind in ihrer Beweglichkeit geographisch stärker eingeschränkt. Bei diesen bewirkt die NR stärkere Reaktionen wie es z. B. mit dem Dauer-Stadium von *C. elegans* oder dem Winterschlaf von Tieren der gemäßigten

---

[40] In dieser Studie wurden nur männliche Stubenfliegen verwendet. Wie Nakagawa et al. (2012) später zeigen konnten, hat die NR bei Männchen speziesübergreifend eine um 20% geringere Wirkung auf die Lebensspanne. Die Ergebnisse dieser Meta-Analyse wurden weiter oben vorgestellt.

bis polaren Zonen beobachtet wird. Denn für diese Tiere erzeugte eine Hungerperiode stärkere selektive Drücke, welche entsprechend zu höheren Graden an Spezialisierung führte. Große und migrationsfähige Tiere können einer regionalen Nahrungsknappheit besser entkommen und sollten entsprechend schwächer auf eine NR reagieren (Flatt, Heyland 2013, S. 181). Der Grad der Adaptation ist außerdem von der Dauer einer Hungerperiode und von der Lebensspanne des Tieres abhängig. Z. B. hat eine einmonatige Phase des Nahrungsmangels auf ein Tier, das nur wenige Wochen alt wird, einen größeren Einfluss als auf ein langlebigeres (de Grey 2005).

Menschen können länger an ihren Energiespeicher zehren, sind omnivor, können migrieren und konnten sich aufgrund ihres Werkzeuggebrauchs auch schwer zugängliche Nahrungsquellen erschließen. Auch wenn die NR bei ihnen einige physiologische Änderungen bewirkt, kann dies die Lebensspanne nur geringfügig beeinflussen (Shanley, Kirkwood 2000).

5.6 Übertragbarkeit von Studien an Modellorganismen

Generell geht man davon aus, dass wesentliche biologische Mechanismen in einer Spezies auch wichtige Mechanismen in den meisten anderen Spezies sind (Hariharan 2003). Die vergleichende Physiologie gibt dazu an, dass mindestens vier unterschiedliche aber miteinander verflochtene genetische und physiologische Signalwege in den vier Modelorganismen *S. cerevisiae, C. elegans, D. melanogaster und M. musculus* bestehen, welche nach Arking (2006, S. 238) unter folgenden Punkten zusammengefasst werden: 1. Kontrolle des Stoffwechsels, 2. Stressresistenz, 3. Genomstabilität und 4. Reproduktionskontrolle. Dass diese Bereiche speziesübergreifend von evolutionär konservierten, auf dem II-Signalweg beruhenden Mechanismen reguliert werden, konnte in den vorherigen Kapiteln gezeigt werden. Dies bedeutet aber noch nicht, dass sie die gleiche Stärke an Ausprägung auf eine so multifaktoriell abhängige Größe wie die Lebensspanne erzielen.

Die Schwierigkeit für die Übertragbarkeit von Studien an Modellorganismen geht auf ihre künstliche Selektion zurück. Denn ein Vorteil von Modellorganismen ist ja gerade ihre kurze Lebensspanne und hohe Fertilität. Dazu wurden Laborlinien in mehreren Jahrzehnten künstlich für schnelles Wachstum und hohe Fruchtbarkeit selektiert, standen ständig unter konstanter Nahrungszufuhr und waren größtenteils vor Pathogenen, Parasiten und Prädatoren geschützt (Miller et al. 2002; Austad, Kristan 2003). In freier Wildbahn gefangene Mäuse zeigen dementsprechend einen deutlich langsameren Reifungsprozess, geringere Körpergröße und eine längere Lebensspannen im Vergleich zu Labormäusen (Miller et al. 2002; Sgrò, Partridge 2001). Langzeitstudien wie die seit 1987 laufende Primatenstudie am *National Institute on Aging* (NIA) gestalten sich zwar als äußerst langwierig und kostspielig, aber Langlebigkeitsstudien an Modellorganismen durchzuführen, die u. a. für Kurzlebigkeit selektiert wurden scheint paradox.

Zweifel über die Möglichkeit der Übertragbarkeit wird geäußert, da man annimmt, dass die Effekte der NR nur die hohen Fütterungsraten und negativen Auswirkungen der Laborhaltung beheben können. Le Bourg´s (2010) Vermutungen, dass der NR-Effekt ein Labor-Artefakt darstellt, welcher die negativen Auswirkungen der Überfütterung behebt, könnten somit anhand der Meta-Studie von Nakagawa et al. (2012) bestätigt werden (Kapitel 3.3.1.). Ihren Ergebnissen gemäß, verlängert die NR die Lebensspanne von Modellorganismen doppelt so effektiv wie die von Wildtieren. Die Werte aus NR-Studien an Modellorganismen sollten also prozentual niedriger eingestuft werden und ihre Extrapolation auf den Menschen entsprechend konservativ ausfallen.

6 Zusammenfassung der Ergebnisse und Resümee

Im Folgenden werden die aus den aufgeführten Studien gewonnenen Einzelergebnisse des 2., 3., 4. und 5. Kapitels zusammengefasst. Anschließend wird das Resümee daraus vorgestellt und somit eine Antwort auf die zentrale Fragestellung dieser Arbeit, nämlich ob eine dauerhafte Nahrungsrestriktion die Lebenserwartung oder maximale Lebensspanne (definiert nach Metaxakis, Partridge 2013) des Menschen positiv beeinflussen und nachweislich erhöhen kann, präsentiert.

6.1 Kapitel 2: Alterung und ernährungsbedingte Krankheiten

Im 2. Kapitel werden die Mechanismen der Alterung und der ernährungsbedingten Krankheiten vorgestellt. Hier wird deutlich, dass die Akkumulation von oxidativen DNA-, Protein- und Lipidschäden u. a. zu den zentralen Ursachen der Alterung gehört, und über welche Mechanismen sich diese Ursachen im weiteren Verlauf zu Zell- und schließlich zu Organschäden entwickeln. An dieser Stelle wird als einer der möglichen Schutzmechanismen der Zelle die Autophagie genannt, denn sie verringert u. a. die durch ROS verursachte Akkumulation von Zellschäden. Ausgehend von dem Wissen um die primären Mechanismen der Alterung, wird eine Überleitung zu den möglichen Ursachen von altersspezifischen Krankheiten, mit Konzentration auf ernährungsbedingte, altersspezifische Krankheiten, vorgenommen.

Die Lebenserwartung in einkommensstarken Ländern, wie z. B. in den USA, Frankreich und Deutschland, nimmt beim weltweiten Ländervergleich die oberen Positionen ein. Jedoch leiden im Durchschnitt 80% der über 65-Jährigen an mindestens einer und 50% der über 65-Jährigen an mindestens zwei verschiedenen Krankheiten wie abdominaler Fettleibigkeit, T2D, chronische untere Atemwegserkrankung, Alzheimer, Herz- und zerebrovaskuläre Krankheiten und Krebs. Bestimmte Essgewohnheiten, Bewegungsmangel, chronischer Stress, Rauchen und Alkoholkonsum stehen in deutlicher Korrelation zu Primärerkrankungen wie Bluthochdruck, Diabetes und Arteriosklerose.

Es besteht die Hypothese, dass die Nahrungsrestriktion im gesunden Organismus wie auch hinsichtlich ernährungsbedingter Leiden auf die Lebensspanne einen positiven Einfluss hat. Dieser Vermutung wird hier weiter nachgegangen.

6.2 Kapitel 3: Kalorien- und Nahrungsrestriktion

Hier werden die physiologischen Auswirkungen der Kalorien- und Nahrungsrestriktion an Modellorganismen, Primaten und Menschen zusammengefasst. Die wichtigsten hier festgestellten gesundheitlichen Verbesserungen bedingt durch NR zeigen sich in folgenden Bereichen:

1. Neurodegenerative Krankheiten und Kognition (*C. elegans*, *Drosophila*, Nagetiere, Primaten, Mensch),
2. Krebskrankheiten (Nagetiere, Primaten),
3. Besserer Schutz vor den Auswirkungen der Chemotherapie (Nagetiere),
4. Diabetes (Nagetiere, Primaten, Mensch),
5. Arteriosklerose und andere kardiovaskuläre Krankheiten (Nagetiere, Primaten),
6. Insulinsensitivität (Primaten, Mensch),
7. Bluthochdruck (Mensch),
8. Cholesterolspiegel (Mensch),
9. BMI und Adipositas (Mensch).

Die Veränderung der einzelnen physiologischen Parameter resultiert in den vier Kategorien:

1. Verlängerung der Lebensspanne,
2. Reduzierung altersbedingter Krankheiten,
3. Reduktion der Reproduktionsrate,
4. Erhöhung der Stressresistenz.

Nagetiere

Die Zusammenfassung der NR-Studien an Nagetieren ergibt, dass ca. 28% der Tiere unter NR und 6% der *ad libitum*-Tiere ohne Hinweise auf Organpathologien sterben. Die Verlängerung der Lebensspanne durch NR zeigt bei ihnen Werte zwischen 4% und 40%, wogegen in einer Studie an Wildtieren keine Erhöhung erkannt wurde.

Primaten

Aus den beiden wichtigsten Primatenstudien (NIA- und WNPRC-Studie) geht hervor, dass die Auswirkungen einer gesunden und gemäßigten Ernährung vergleichbar mit den Auswirkungen einer 30%igen Restriktion einer Ernährung mit hohem Saccharose-anteil ist. Die NR bewirkt deutliche geschlechtsspezifische Reaktionen. Welche physiologischen Parameter beeinflusst werden und in welchem Ausmaß dies geschieht, unterscheidet sich zwischen *old-onset-* und *young-onset*-Tieren erheblich.

Kurzzeitstudien am Menschen

Die Verbesserungen der physiologischen Parameter aus kurzzeitigen (einige Monate bis wenige Jahre) NR-Studien an Menschen (*CR-Society*, *Biosphere 2*, *CALERIE*) sind mit den meisten physiologischen Verbesserungen an Modellorganismen und Primaten vergleichbar. Die für die Erhöhung der Lebenserwartung relevanteste Auswirkung einer kurzzeitigen NR ist, dass die diastolische Funktion des linken Ventrikels bei hungernden *CR-Society*-Mitgliedern (Dauer ca. 7 Jahre, Durchschnittsalter der Proban-den 53 ± 12 Jahre) mit derjenigen von 16 Jahre jüngeren Kontrollpersonen vergleichbar ist.

Meta-Analyse an Modellorganismen und Wildtieren

Eines der wesentlichen Ergebnisse der Meta-Analyse betrifft die Aussagekraft von Studien an Modellorganismen. Das Ergebnis der Meta-Analyse von 145 NR-Studien an insgesamt 36 Spezies, darunter Modellorganismen und ungezüchtete Tiere, ist, dass die NR die Lebensspanne von Modellorganismen gegenüber Wildtieren doppelt so effektiv verlängert. Die Ergebnisse von Studien an Modellorganismen müssen demgemäß in ihrer Höhe prozentual herabgestuft werden. Bezüglich der Frage, ob eine Kalorien- und/oder Proteinrestriktion wirksamer ist, kann gesagt werden, dass das optimale Verhältnis von Kalorien- und Proteinaufnahme für die höchste Lebensverlängerung verantwortlich ist.

Vergleich zwischen Meta-Analysen und Okinawaner

Aus dem Vergleich zwischen der speziesübergreifenden Meta-Analyse und der Langzeitwirkung der kalorienreduzierten Ernährung der Okinawaner kann als Gesamtergebnis festgehalten werden, dass die NR in beiden Fällen die altersspezifische Mortalitätsrate reduziert und innerhalb der Meta-Analyse auch eine Reduzierung der altersunabhängigen Mortalitätsrate stattgefunden hat. Aus der Meta-Analyse geht außerdem hervor, dass die Effekte der NR auf die Lebensspanne, speziesübergreifend, auf Weibchen um ca. 20% größer sind als auf Männchen. Dieser Effekt kann beim Menschen populationsübergreifend, unabhängig von der Höhe seiner Kalorienaufnahme, beobachtet werden.

In der Forschung zur Nahrungsrestriktion bisher ungeklärte Probleme betreffen u. a. die Fragen, zu welchem prozentualen Anteil die Restriktion beim Menschen erfolgen sollte, in welchem Alter er damit beginnen sollte und welche Auswirkung die periodisch vollzogene Restriktion (intermittierendes Fasten) hat.

6.3 Kapitel 4: Molekulare Mechanismen der Nahrungsrestriktion

In diesem Kapitel werden viele Belege dafür hervorgebracht, dass es sich bei den nahrungssensiblen Signalwegen wie IIS-TOR und IIS-FOXO um evolutionär stark konservierte Signalwege handelt. Dazu werden zunächst die einzelnen Bestandteile dieser Signalwege bei den verschiedenen Spezies vorgestellt, um im weiteren Verlauf den molekularen Mechanismus der IIS-TOR- und IIS-FOXO-Signalkaskade detaillierter zu erklären.

Hier wird erstens bewiesen, dass die NR auf molekularer Basis, nämlich durch die TOR-Hemmung und FOXO-Aktivierung, die Alterung beeinflusst, und zweitens, dass die dazu benutzten Mechanismen und Strukturen in ihrem Grundprinzip von allen Spezies geteilt werden.

IIS-TOR-Hemmung und IIS-FOXO-Aktivierung

Ein zentraler Regulator der Proteinsyntheserate und somit des Wachstums und der Fortpflanzung einerseits, sowie der Aktivierung der Autophagie zur Instandhaltung des Proteingleichgewichts andererseits, ist die TOR-Kinase. Unter ungünstigen Umweltbedingungen, wie z. B. einer NR, wird TOR über den II-Signalweg gehemmt, wodurch die Autophagie erhöht und die Proteinsynthese herunterreguliert wird.

Während die durch TOR aktivierte Makroautophagie für den Abbau von durch ROS beschädigten Proteinen zuständig ist, aktiviert FOXO u. a. die Produktion von Katalasen und Superoxid-Dismutasen, welche in der Zelle als Radikalfänger eingesetzt werden. Die NR aktiviert FOXO, welches ebenfalls die Proteintranslation hemmt und zusätzlich die Aktivität von Schutzmechanismen, wie z. B. die DNA-Reparaturleistung und die Produktion von Antioxidantien, erhöht.

TOR und FOXO besitzen somit die essentielle Funktion, während einer NR die Stressresistenz und Widerstandsfähigkeit zu erhöhen und die molekularen Degenerationsprozesse zu verringern. Damit regulieren sie die Alterungsrate des Organismus auf zellulärer Ebene.

6.4 Kapitel 5: Potential der Nahrungsrestriktion aus evolutionärer Sicht

Die Grundannahme dieser Arbeit ist, dass der Stärkegrad der Effekte einer NR davon abhängig ist, wie groß die selektiven Drücke waren, die auf dem Überleben von Hungerperioden einer bestimmten Spezies gestanden haben. Erkenntnisse über die Lebenszyklusstrategie (*life history strategies*) und die Mechanismen der Ressourcenverteilung (*resource allocation*) von Lebewesen dienen hier als Wegweiser. Diese Analyse hat ebenfalls die Annahme bestätigt, dass die hier untersuchten nahrungssensiblen Signalwege einer evolutionären Konservierung unterliegen.

Die Ökologie bestätigt die Funktion des II-Signalwegs als Indikator der Umweltbedingungen. Ebenfalls bestätigt sie, dass das Muster der speziesspezifischen Lebenszyklusstrategie, das sich in ihrer Anzahl an Nachkommen und der Langlebigkeit widerspiegelt, eine Anpassung an das jeweilige Habitat darstellt.

Die Annahmen, dass Tiere mit höherer Spezialisierung auf extreme Umweltbedingungen oder kleinere, weniger oder gar nicht migrationsfähige Tiere infolge NR mit einer größeren Lebensverlängerung reagieren, konnte nicht bestätigt werden. Erstens fehlen dazu die Daten von NR-Studien an Wildtieren und zweitens lassen die Werte der speziesübergreifenden Meta-Studie hier keinen signifikanten Trend gemäß der Theorie erkennen.

Diesbezüglich konnte auch die *Thrifty-/Drifty-Genotype*-Hypothese keine weiteren Erkenntnisse beitragen. Personen mit einem „sparsamen Genotyp" müssten auf eine NR deutlichere Effekte zeigen als Personen, die weniger an Hungerperioden, entweder aufgrund von Migration oder aufgrund von Drift, angepasst sind. Jedoch fehlen hier NR-Studien mit Probanden, auf die ein „sparsamer Genotyp" zutrifft. Außerdem zeigte die populationsübergreifende Suche nach genetischen Markern mit Korrelation zu T2D hier keine eindeutigen Erfolge.

Das Negativresultat der Suche nach speziellen Anpassungen an Hungerperioden ergibt, dass die Entstehung der nahrungssensiblen Mechanismen zu einem größeren Anteil auf einen kontinuierlichen Nahrungsmangel und zu einem geringeren Anteil auf gelegentliche Hungerperioden während der Evolution zurückzuführen ist. Am Insulinsystem der Säugetiere zeigt sich dies auch dadurch, dass sie zum Absenken des Blutzuckerspiegels nur ein Hormon, um diesen zu erhöhen aber viele verschiedene Hormone besitzen.

6.5 Resümee

Mit zahlreichen Belegen aus der Physiologie, der Endokrinologie, der molekularen Genetik sowie einigen Hinweisen aus der evolutionären Ökologie liegen gut begründete Argumente dafür vor, dass die Nahrungsrestriktion grundsätzlich die gesunde Lebensspanne (*healthy lifespan*) des Menschen verlängern kann, wodurch ein Vitalitätsverlust erst kurz vor Lebensende eintritt und so ein längeres Leben in Gesundheit und Wohlbefinden ermöglicht. Denn obwohl auch einige NR-Studien keine direkte Verlängerung der Lebensspanne verzeichneten, zeigten die Restriktionstiere trotzdem in den meisten Fällen deutliche Verbesserungen ihrer physiologischen Parameter. Die beim Menschen ungefähr ab dem 20. Lebensjahr einsetzenden Degenerationsprozesse, die zuerst mit der Ansammlung von Zellschäden beginnen, können so während einer Nahrungsrestriktion, z. B. durch Erhöhung der Autophagie und vermehrten Produktion von antioxidativ wirkenden Enzymen, gebremst werden.

Durch die Reduzierung der Alterungsrate kommt es zur Reduzierung der altersspezifischen Mortalitätsrate und so zur Verlängerung der *healthy lifespan*, die auch in einer Verlängerung der mittleren und maximalen Lebensspanne[41] resultieren kann. Dies bestätigt der deutlich überwiegende Teil der hier analysierten einzelnen Lang- und Kurzzeitstudien an Modellorganismen wie *C. elegans*, *Drosophila* und an Nagetieren, die auf 145 Einzelstudien basierende speziesübergreifende Meta-Analyse, eine Meta-Analyse an Nagetieren, die NIA- und WNPRC-Primatenstudien, das *CALERIE*-Projekt, das *Biosphere 2*-Experiment, Studien an Probanden der *CR-Society* sowie Untersuchungen der Einwohner Okinawas.

Der in Industriestaaten verzeichnete Rückgang der Infektionskrankheiten und die fortgeschrittene medizinische Versorgung haben zu einer enormen Erhöhung der Lebenserwartung geführt. Die Erhaltungs- und Schutzfunktionen des Körpers stoßen jedoch in hohem Alter an ihre Grenzen, wodurch dann das häufigere Auftreten von Krebs, Demenz- und kardiovaskulären Krankheiten auch erklärt werden kann. Denn durch äußere Belastungen wie Stress, Rauchen, Alkoholkonsum, Essgewohnheiten und Bewegungsmangel werden die Auswirkungen der primären altersbedingten Degenerationsprozesse zusätzlich verstärkt. Die Praxis der Nahrungsrestriktion als Prophylaxe für ein noch längeres Leben kann unter den bestehenden Belastungen des Gesundheits- und Sozialsystems nicht der vorrangige Zweck ihres Einsatzes sein. Ihr Potential für die Verlängerung der Lebenserwartung des Menschen konnte aus der vorliegenden

---

[41]   Gemäß der Definition von Metaxakis und Partridge (2013).

Untersuchung ohnehin nur auf einen Zugewinn von möglicherweise 2-3 Jahren eingegrenzt werden, was mit den Berechnungen von de Grey (2005), Everitt und Le Couteur (2007), Shanley und Kirkwood (2006) und Speakman und Hambly (2007) konform geht.

Die Nahrungsrestriktion fällt somit nicht unter diejenige Form der Umweltveränderung von Menschen in den Industriestaaten, welche schon ihre Lebenserwartung in den letzten 100 Jahren um ca. 30 Jahre erhöhen konnte. Auch gehört sie nicht zu der Form, welche die absolut erreichbare Lebensspanne der frühen Australopithecinen von zunächst ca. 50-60 Jahren auf ca. 120 Jahre beim heutigen Menschen verlängern konnte. Wenn es sich bei ihren Reaktionen nur um Adaptationen an Hungerperioden handelt, so sollte ihr Lebensverlängerungspotential eher gering eingeschätzt werden.

Denn so wie einige genetische Manipulationen oder langzeitlich evolutionär wirkende Kräfte die Lebenserwartung und die absolut erreichbare Lebensspanne von Organismen zu verlängern vermögen, können Interventionen wie z. B. eine sportliche Betätigung nur die Lebenserwartung erhöhen (Holloszy 1993).

Ein Mittel zur Förderung der Gesundheit und zur Verlängerung der *healthy lifespan* zu sein, kann der Nahrungsrestriktion mit dem hier vorgelegten Werk jedoch deutlich zugesichert werden.[42]

---

[42] Die Ergebnisse von Gutwald in „Kalorienrestriktion als Präventionsmaßnahme: Was kann der verantwortungsvolle Präventionsmediziner empfehlen?" (2009) und Hermannstädter in „Beeinflussung der kognitiven Leistungen durch Kalorienrestriktion" (2013) untermauern diesen Standpunkt ebenfalls.

7 Kontroverses zu Diabetes, Übergewicht und Epigenetik

Die Untersuchung der Effekte der Nahrungsrestriktion hat verdeutlicht, dass der Mensch wie auch alle anderen Spezies während der längsten Zeit ihrer Evolution eher mit Problemen des Nahrungsmangels als des Nahrungsüberflusses konfrontiert waren. Der Mensch ist physiologisch und psychologisch nicht oder noch nicht mit der Situation des Nahrungsüberflusses vertraut. Demzufolge ist also nicht die Nahrungsrestriktion, sondern die Ernährungssituation der Industrienationen als künstlicher, nicht natürlicher Zustand zu betrachten. Jedoch schwankt die Qualität und Quantität der zur Verfügung stehenden Nahrung zwischen den verschiedenen Bevölkerungsgruppen erheblich, und eine Nahrungsrestriktion als Präventionsmaßnahme ist für Länder in denen Mangelernährung herrscht ohnehin nicht relevant.

Innerhalb der eher einkommensstarken Länder differieren die Ernährungsformen ebenfalls. Die Ergebnisse der NIA- und WNPRC-Primatenstudien lassen vermuten, dass eine besonders an Saccharose gemäßigte Ernährung, basierend auf frischen und natürlichen, nicht industriell hergestellten Nahrungsmitteln, beim Menschen ähnliche Resultate erzielt wie die Restriktion einer auf hohem Zuckeranteil basierenden Ernährung.

7.1 Das Insulin-Paradox

Nir Barzilai formulierte als erster das Paradox, dass die Insulinresistenz beim Menschen die Sterblichkeit erhöht, während gleichzeitig genetische Mutationen, welche den Insulin/IGF-1-Signalweg hemmen, bei Fliegen und Nematoden zu einer Verlängerung der Lebensspanne führen (Rincon et al. 2004). Entgegen den unterschiedlichen Reaktionen auf induzierte (bei Modellorganismen) oder erworbene (beim Menschen)

Insulinresistenz werden durch die NR bei gesunden Menschen und Tieren allgemein positive Effekte beobachtet. Auch sollten die intrazellulären Effekte einer NR mit der genetisch induzierten Hemmung der Insulin/IGF-1-Rezeptoren prinzipiell vergleichbar sein. Denn in beiden Fällen fehlt an den Insulinrezeptoren ein Signal, das weitergeleitet werden kann. Dies führt zu den oben bereits ausführlich besprochenen Mechanismen, die zu einer TOR-Hemmung und FOXO-Aktivierung führen.

Die Insulinresistenz durch mutierte Insulinrezeptoren führt aber nur bei Nematoden, Fliegen und Nagetieren zu längeren Lebensspannen (Salminen, Kaarniranta 2009). Beim Menschen geht die Insulinresistenz aufgrund struktureller oder funktioneller Defekte der Insulinrezeptoren mit erhöhtem Blutzucker einher. Ein dauerhaft erhöhter Blutzucker resultiert in diabetischer Angiopathie, einer Schädigung der feinsten Blutkapillaren in Nieren, Augen, Leber und Gehirn sowie Typ-2-Diabetes, Bluthochdruck und weiteren kardiovaskulären Krankheiten (Tooke 2000). Begründungen dafür bezogen sich bisher darauf, dass z. B. die Insulinexpression bei Fliegen und Würmern hauptsächlich in Neuronen, bei Säugetieren aber in der Bauchspeicheldrüse stattfindet, und zwischen Invertebraten und Säugetieren in Bezug auf Alterungsprozesse deshalb erhebliche zum Teil nicht übertragbare Unterschiede beständen, was die Hemmung oder Aktivierung des Insulinsignalwegs durch NR betrifft. Auch wird angenommen, dass die Insulinresistenz einen adaptiven Mechanismus bestimmter Gewebe darstellen könnte, um zu verhindern, dass Zellen zu viele Nährstoffe aufnehmen (Salminen, Kaarniranta 2009).

Letztlich könnte gefragt werden, ob das Paradox wirklich auf einem gleichwertigen Vergleich beruht. Denn während die Modellorganismen mit mutierten Insulinrezeptoren und Insulinresistenz diese schon von Geburt an besitzen, entsteht die Insulinresistenz beim Menschen häufig erst mit dem Alter und bringt Übergewicht, Bluthochdruck und Vorstufen von Typ-2-Diabetes mit sich; Diese Betroffenen unterliegen also bereits aufgrund der langjährigen und langsamen pathologischen Veränderungen einer höheren Sterblichkeit.

Blagosklonny (2012) sieht im Insulin-Paradox auch eher ein nur auf Säugetiere zutreffendes Problem: „The real paradox is why, in mammals, low insulin levels are associated with good health, but low insulin responsiveness with bad health". Denn in beiden Fällen ist das intrazelluläre Insulinsignal gehemmt. Erst dadurch, dass man die Auswirkungen von mTOR miteinbezieht, stellen sich, so Blagosklonny, die beiden Fälle als gegensätzlich dar. Denn bei geringer Ausschüttung von Insulin, etwa infolge einer NR, werde mTOR nicht aktiviert, was zu den oben gezeigten Vorteilen führe. Bei insulinresistenten Rezeptoren bliebe mTOR aber aktiv und hemme die Insulinrezeptoren, so Blagosklonny.

7.2 Problem BMI: Übergewicht oder Nahrungsrestriktion?

Gemäß Barzilai (2012a) hat die Nahrungsrestriktion nicht das Potential, die Lebenserwartung des Menschen zu erhöhen, denn die Ergebnisse zahlreicher Studien würden belegen, dass ein hoher *Body-Mass-Index* (BMI) im Bereich 25 bis < 30 gegenüber einem normalen BMI von 18,5 bis < 25 mit höherer Lebenserwartung korreliert.[43] Eine der aktuellsten Meta-Studien, die Daten von über 2,88 Millionen Probanden verglich, konnte bestätigen, dass BMIs von 25 bis < 30 mit signifikant niedrigerer Sterblichkeit, jedoch BMIs von ≥ 35 mit signifikant höherer Sterblichkeit gegenüber BMIs von 18,5 bis < 25 (Normalgewicht) korrelieren (Flegal et al. 2013). Neben der Kritik, dass der BMI als Maßeinheit eine bedingt allgemeingültige Aussagefähigkeit besitzt, geben die Autoren zusätzlich an, dass die Todesursache und das Alter der Probanden in den Analysen der Studie jedoch nicht oder nur limitiert berücksichtigt wurden.

Die Aussage Barzilais muss demgemäß differenzierter betrachtet werden. Denn zum einen sind die vorherrschenden Krankheiten wie Diabetes und Herzprobleme in der Gruppe der Übergewichtigen (BMI von 25 < 30) medizinisch besser behandelbar, zum anderen weisen von Krebs betroffene Menschen dieser Gewichtskategorie eine höhere Widerstandkraft gegenüber dieser Krankheit und den Folgen ihrer Therapie auf (Flegal et al. 2013; Müller-Nordhorn et al. 2014). Die Nahrungsrestriktion als Prävention zielt jedoch auf die Ursachen, wohingegen die Medizin kurativ die Symptome behandelt.

---

[43] Vortrag von Nir Barzilai am *Albert Einstein College of Medicine* zu dem Thema *„Is There a Longevity Gene?"* (2012a).

7.3 Nahrungsrestriktion als Ernährungsrichtlinie

Oft manifestieren sich neue Forschungsergebnisse in aktuellen Trends und finden sich, auf wenige Formeln reduziert, in unwissenschaftlichen Ernährungsrichtlinien wieder, was dazu führt, dass das komplexe und unübersichtliche Gebiet bezüglich gesunder Ernährung zusätzlich mit vielen Maßregeln, Empfehlungen und Verboten belegt wird.

Verfechter der Paläo- und Steinzeitdiät berufen sich zur Begründung dieser aktuell im Trend liegenden Ernährungsform z. B. gerne auf die Aussage: „Die Zeit der Jäger und Sammler umfasste mehr als 99,5% der gesamten Menschheitsgeschichte, in ihr kam es zur Evolution von allem, was typisch menschlich ist" (Junker, Paul 2009, S. 13). Jedoch schenken sie dem Term „typisch menschlich" nicht genügend Aufmerksamkeit. Denn das typisch Menschliche ist ebenso wenig in den ca. 1% Erbgutunterschieden, die zwischen Mensch und Schimpanse bestehen, zu finden, wie der Verweis des obigen Arguments auf das sogenannte typisch Menschliche ausreicht, um der Paläodiät oder der Nahrungsrestriktion als allgemeingültige Ernährungsempfehlung zu dienen.

Wie das vorliegende Buch gezeigt hat, teilt der Mensch viele der relevanten nahrungs-sensiblen Mechanismen mit anderen Spezies, und auch andere molekulare und physiologische Funktionen und Strukturen liegen bei den Arten in konservierten oder graduell unterschiedlichen Ausstattungen vor. Bezüglich der physiologischen Reaktio-nen auf unterschiedliche Ernährungsformen existieren jedoch viele phylo- und ontoge-netische Entwicklungsschritte, welche die Art und das Ausmaß der Reaktionen auf eine NR beim heutigen Menschen beeinflussen:

1. Auf zellulärer Ebene besteht ein bis auf die Adaptationen der Ur-Einzeller zurückge-hender Nahrungsverteilungsmechanismus (konservierte Signalwege).

2. Während und innerhalb der Evolution der Säugetiere, Primaten und Menschen kam es zu speziellen Anpassungen an Umweltbedingungen und Hungerperioden.

3. Seit der Ausbreitung des modernen *Homo sapiens* über alle Kontinente existieren spezielle Anpassungen an Umwelt- und Nahrungsbedingungen.

4. Es liegen infolge der neolithischen Revolution Anpassungen an die spezielle Ernährungsweise während der letzten 10.000 Jahre vor.

5. Während der pränatalen Phase erfolgen epigenetische Anpassungen an den jeweiligen Zustand der Nahrungsmenge, möglicherweise auch an ihre Zusammensetzung (Anteil von Kohlenhydraten, Proteinen, Lipiden).

6. Während der frühen Entwicklung ergeben sich physiologische Anpassungen an den jeweiligen Zustand der Nahrungsmenge.

7. Während der infantilen, juvenilen und adulten Phasen ermöglichen physiologische und psychologische Mechanismen, den Stoffwechsel an die jeweiligen Umweltbedingungen und die aufgenommene Nahrung anzupassen.

Die Frage ist hier, welche Adaptation aus welcher Zeitperiode die Gesundheit während des Individuallebens am stärksten beeinflusst (Problem der Epigenetik). Die hier proklamierte enorme phänotypische Plastizität ermöglicht es dem Organismus einerseits, sich schneller an Umweltveränderungen anzupassen, andererseits lässt diese Plastizität aber kaum universelle und für jedes Individuum geltende Aussagen, wie z. B. über die Effekte der Nahrungsrestriktion, zu.

8 Literaturverzeichnis

Alberts B, Bray D, Lewis J, Raff M, Roberts K, Watson JD (1994) Molecular biology of the cell. 3rd Edition, Garland Publishing, New York & London p.1260.

Alberts B, Johnson A, Lewis J, Raff M, Roberts K, Walter P; Hrsg (2011) Molekularbiologie der Zelle. 5. Auflage. Wiley-VCH Verlag & Co. KG, Weinheim,   Germany.

Ammerman AJ (1975) Late pleistocene population dynamics: An alternative view. Hum Ecol 3, 219–233.

Arantes-Oliveira N, Berman JR, Kenyon C (2003) Healthy Animals with Extreme Longevity. Science 302, 611–611.

Arking R (2006) Biology of aging. Observations and principles. 3rd Edition. Oxford University Press New York.

Austad SN, Kristan DM (2003) Are mice calorically restricted in nature? Aging Cell 2, 201–207.

Ayub Q, Moutsianas L, Chen Y, Panoutsopoulou K, Colonna V, Pagani L, Prokopenko I, Ritchie GRS, Tyler-Smith C, McCarthy MI, Zeggini E, Xue Y (2014) Revisiting the thrifty gene hypothesis via 65 loci associated with susceptibility to type 2 diabetes. Am. J. Hum. Genet. 94, 176–185.

Balázsi G (2010) Network reconstruction reveals new links between aging and calorie restriction in yeast. HFSP J 4, 94–99.

Bhandari P, Jones MA, Martin I & Grotewiel MS (2007) Dietary restriction alters   demographic but not behavioral aging in Drosophila. Aging Cell 6, 631–637.

Barnes SK & Ozanne SE (2011) Pathways linking the early environment to long-term health and lifespan. Prog. Biophys. Mol. Biol. 106, 323–336.

Barzilai N (2012a) Is There a Longevity Gene? Vortrag vom 21.12.2012. www.einstein.yu.edu/video/?VID=670&ts=students&tsp=recent#top

Barzilai N, Gabriely I, Atzmon G, Suh Y, Rothenberg D & Bergman A (2010) Genetic studies reveal the role of the endocrine and metabolic systems in aging. J. Clin. Endocrinol. Metab. 95, 4493–4500.

Barzilai N, Huffman DM, Muzumdar RH & Bartke A (2012b) The critical role of metabolic pathways in aging. Diabetes 61, 1315–1322.

Bass TM, Grandison RC, Wong R, Martinez P, Partridge L & Piper MDW (2007) Optimization of dietary restriction protocols in Drosophila. J. Gerontol. A Biol. Sci. Med. Sci. 62, 1071–1081.

Baudisch A (2008) Inevitable Aging? Contributions to Evolutionary-Demographic Theory. Springer-Verlag Berlin, Heidelberg.

Berna F, Goldberg P, Horwitz LK, Brink J, Holt S, Bamford M & Chazan M (2012) Microstratigraphic evidence of in situ fire in the Acheulean strata of Wonderwerk Cave, Northern Cape province, South Africa. Proc. Natl. Acad. Sci. U.S.A. 109, E1215–1220.

Bianconi E, Piovesan A, Facchin F, Beraudi A, Casadei R, Frabetti F, Vitale L, Pelleri MC, Tassani S, Piva F, Perez-Amodio S, Strippoli P & Canaider S (2013) An estimation of the number of cells in the human body. Ann. Hum. Biol. 40, 463–471.

Bickel H (2010) Die Epidemiologie der Demenz. In: Reihe "Das Wichtigste - Informationsblätter". Deutsche Alzheimer Gesellschaft e.V., Berlin.

Blagosklonny MV (2013) Aging is not programmed: genetic pseudo-program is a shadow of developmental growth. Cell Cycle 12, 3736–3742.

Blagosklonny MV (2011) Hormesis does not make sense except in the light of TOR-driven aging. Aging (Albany NY) 3, 1051–1062.

Blagosklonny MV (2012) Once again on rapamycin -induced insulin resistence and longevity: despite of or owing to. Aging (Albany NY) 4(5): 350-8.

Blagosklonny MV (2010) Revisiting the antagonistic pleiotropy theory of aging: TOR-driven program and quasi-program. Cell Cycle 9, 3151–3156.

Boschmann M & Michalsen A (2013) Fasting Therapy - Old and New Perspectives. Forschende Komplementärmedizin / Research in Complementary Medicine 20, 410–411.

Brandenburg U, Domschke JP (2007) Die Zukunft sieht alt aus. Herausforderungen des demografischen Wandels für das Personalmanagement. GWV-Fachverlage GmbH, Wiesbaden.

Broughton S & Partridge L (2009) Insulin/IGF-like signalling, the central nervous system and aging. Biochem. J. 418, 1–12.

Brzek P, Ksiazek A, Dobrzyn A & Konarzewski M (2012) Effect of dietary restriction on metabolic, anatomic and molecular traits in mice depends on the initial level of basal metabolic rate. J. Exp. Biol. 215, 3191–3199.

Bundesinstitut für Bevölkerungsforschung (BIB) (2014) http://www.bib-demografie.de/SharedDocs/Glossareintraege/DE/L/lebenserwartung.html.

Burger JMS, Buechel SD & Kawecki TJ (2010) Dietary restriction affects lifespan but not cognitive aging in Drosophila melanogaster. Aging Cell 9, 327–335.

Butler AE, Janson J, Bonner-Weir S, Ritzel R, Rizza RA & Butler PC (2003) Beta-cell deficit and increased beta-cell apoptosis in humans with type 2 diabetes. Diabetes 52, 102–110.

Calabrese EJ (2013) Hormesis: Toxicological foundations and role in aging research. Exp. Gerontol. 48, 99–102.

Campisi J, d' Adda di Fagagna F (2007) Cellular senescence: when bad things happen to good cells. Nat. Rev. Mol. Cell Biol. 8, 729–740.

Caro P, Gomez J, Sanchez I, Garcia R, López-Torres M, Naudí A, Portero-Otin M, Pamplona R & Barja G (2009) Effect of 40% restriction of dietary amino acids (except methionine) on mitochondrial oxidative stress and biogenesis, AIF and SIRT1 in rat liver. Biogerontology 10, 579–592.

Chen JH, Hales CN & Ozanne SE (2007) DNA damage, cellular senescence and organismal ageing: causal or correlative? Nucleic Acids Res 35, 7417–7428.

Cohen MN, Armelagos GJ (Eds) (2013) Paleopathology at the origins of agriculture. University Press of Florida.

Colman RJ, Beasley TM, Kemnitz JW, Johnson SC, Weindruch R & Anderson RM (2014) Caloric restriction reduces age-related and all-cause mortality in rhesus monkeys. Nat Commun 5:3557.

Cooper TM, Mockett RJ, Sohal BH, Sohal RS & Orr WC (2004) Effect of caloric restriction on life span of the housefly, Musca domestica. FASEB J. 18, 1591–1593.

Copeland JM, Cho J, Lo T Jr, Hur JH, Bahadorani S, Arabyan T, Rabie J, Soh J & Walker DW (2009) Extension of Drosophila life span by RNAi of the mitochondrial respiratory chain. Curr. Biol. 19, 1591–1598.

Cordain L, Eaton SB, Sebastian A, Mann N, Lindeberg S, Watkins BA, O'Keefe JH & Brand-Miller J (2005) Origins and evolution of the Western diet: health implications for the 21st century. Am J Clin Nutr 81, 341–354.

De Grey ADNJ (2005) The unfortunate influence of the weather on the rate of ageing: why human caloric restriction or its emulation may only extend life expectancy by 2-3 years. Gerontology 51, 73–82.

De Magalhães JP, Wuttke D, Wood SH, Plank M & Vora C (2012) Genome-environment interactions that modulate aging: powerful targets for drug discovery. Pharmacol. Rev. 64, 88–101.

Dell'agnello C, Leo S, Agostino A, Szabadkai G, Tiveron C (2007) Increased longevity and refractoriness to Ca(2+)-dependent neurodegeneration in Surf1 knockout mice. Hum. Mol. Genet. 16, 431–444.

Dhurandhar EJ, Allison DB, van Groen T & Kadish I (2013) Hunger in the Absence of Caloric Restriction Improves Cognition and Attenuates Alzheimer's Disease Pathology in a Mouse Model. PLoS ONE 8, e60437.

Díaz-Troya S, Pérez-Pérez ME, Florencio FJ & Crespo JL (2008) The role of TOR in autophagy regulation from yeast to plants and mammals. Autophagy 4, 851–865.

Dillin A, Hsu A-L, Arantes-Oliveira N, Lehrer-Graiwer J, Hsin H, Fraser AG, Kamath RS, Ahringer J & Kenyon C (2002) Rates of behavior and aging specified by mitochondrial function during development. Science 298, 2398–2401.

Ernst IMA, Pallauf K, Bendall JK, Paulsen L, Nikolai S, Huebbe P, Roeder T & Rimbach G (2013) Vitamin E supplementation and lifespan in model organisms. Ageing Res. Rev. 12, 365–375.

Everitt AV & Le Couteur DG (2007) Life extension by calorie restriction in humans. Ann. N. Y. Acad. Sci. 1114, 428–433.

Fabian D, Flatt T (2011). The evolution of aging. Nat. Educ. Knowl. 2, 9.

Fabrizio P & Longo VD (2003) The chronological life span of Saccharomyces cerevisiae. Aging Cell 2, 73–81.

Ferraro E, Giammarioli AM, Chiandotto S, Spoletini I & Rosano G (2014) Exercise- Induced Skeletal Muscle Remodeling and Metabolic Adaptation: Redox Signaling and Role of Autophagy. Antioxid. Redox Signal.

Fielenbach N & Antebi A (2008) C. elegans dauer formation and the molecular basis of plasticity. Genes Dev. 22, 2149–2165.

Finch CE (2007) The Biology of Human Longevity. Inflammation, Nutrition, and Aging in the Evolution of Lifespans. Elsevier Academic Press, San Diego.

Flatt T (2012) A New Definition of Aging? Front Genet 3: 148.

Flegal KM, Kit BK, Orpana H & Graubard BI (2013) Association of all-cause mortality with overweight and obesity using standard body mass index categories: a systematic review and meta-analysis. JAMA 309, 71–82.

Fontana L & Klein S (2007) Aging, adiposity, and calorie restriction. JAMA 297, 986–994.

Fontana L, Meyer TE, Klein S & Holloszy JO (2004) Long-term calorie restriction is highly effective in reducing the risk for atherosclerosis in humans. PNAS 101, 6659–6663.

Fontana L, Partridge L & Longo VD (2010) Extending healthy life span--from yeast to humans. Science 328, 321–326.

Gall PL, Saxe A (1977) The Ecological Evolution of Culture: The State as Predator in Succession Theory. In Earle, T. and Ericson, J.E., eds. Exchange Systems in Prehistory, pp. 55-68. Academic Press, NY.

Gao W, Li JZH, Chan JYW, Ho WK & Wong T-S (2012) mTOR Pathway and mTOR Inhibitors in Head and Neck Cancer. ISRN Otolaryngology 2012:953089.

Gems D (2014) Evolution of sexually dimorphic longevity in humans. Aging (Albany NY) 6, 84–91.

Gems D & Partridge L (2013) Genetics of longevity in model organisms: debates and paradigm shifts. Annu. Rev. Physiol. 75, 621–644.

Gerbault P, Liebert A, Itan Y, Powell A, Currat M, Burger J, Swallow DM & Thomas MG (2011) Evolution of lactase persistence: an example of human niche construction. Phil. Trans. R. Soc. B 366, 863–877.

Gerhart-Hines Z, Dominy JE Jr, Blättler SM, Jedrychowski MP, Banks AS, Lim J-H, Chim H, Gygi SP & Puigserver P (2011) The cAMP/PKA pathway rapidly activates SIRT1 to promote fatty acid oxidation independently of changes in NAD(+). Mol. Cell 44, 851–863.

Goodrick CL (1978) Body weight increment and length of life: the effect of genetic constitution and dietary protein. J Gerontol 33, 184–190.

Gould SJ & Vrba ES (1982) Exaptation; a missing term in the science of form. Paleobiology 8, 4–15.

Grandison RC, Piper MDW & Partridge L (2009) Amino-acid imbalance explains extension of lifespan by dietary restriction in Drosophila. Nature 462, 1061–1064.

Greer EL & Brunet A (2009) Different dietary restriction regimens extend lifespan by both independent and overlapping genetic pathways in C. elegans. Aging Cell 8, 113–127.

Greer EL & Brunet A (2005) FOXO transcription factors at the interface between longevity and tumor suppression. Oncogene 24, 7410–7425.

Gu HF, Abulaiti A, Ostenson C-G, Humphreys K, Wahlestedt C, Brookes AJ & Efendic S (2004) Single nucleotide polymorphisms in the proximal promoter region of the adiponectin (APM1) gene are associated with type 2 diabetes in Swedish caucasians. Diabetes 53 Suppl 1, S31–35.

Gutwald J (2009) Kalorienrestriktion als Präventionsmaßnahme: Was kann der verantwortungsvolle Präventionsmediziner empfehlen? Masterthesis. Dresden International University.

Flatt T, Heyland A (2013) Mechanisms of Life History Evolution: The Genetics and Physiology of Life History Traits and Trade-Offs. Oxford Scholarship Online.

Gurven M & Kaplan H (2007) Longevity Among Hunter- Gatherers: A Cross-Cultural Examination. Population and Development Review 33, 321–365.

Hales CN & Barker DJ (1992) Type 2 (non-insulin-dependent) diabetes mellitus: the thrifty phenotype hypothesis. Diabetologia 35, 595–601.

Hariharan IK & Haber DA (2003) Yeast, flies, worms, and fish in the study of human disease. N. Engl. J. Med. 348, 2457–2463.

Harman D (1956) Aging: a theory based on free radical and radiation chemistry. J Gerontol 11, 298–300.

Harper JM, Leathers CW & Austad SN (2006) Does caloric restriction extend life in wild mice? Aging Cell 5, 441–449.

Hayflick L, Moorhead PS (1961) The serial cultivation of human diploid cell strains. Exp. Cell Res. 25, 585–621.

Haygood R, Fedrigo O, Hanson B, Yokoyama K-D & Wray GA (2007) Promoter regions of many neural- and nutrition-related genes have experienced positive selection during human evolution. Nat Genet 39, 1140–1144.

He C & Klionsky DJ (2009) Regulation mechanisms and signaling pathways of autophagy. Annu. Rev. Genet. 43, 67–93.

Hector KL, Lagisz M & Nakagawa S (2012) The effect of resveratrol on longevity across species: a meta-analysis. Biol. Lett. 8, 790–793.

Heilbronn LK, de Jonge L, Frisard MI, DeLany JP, Larson-Meyer DE, Rood J, Nguyen T, Martin CK, Volaufova J, Most MM, Greenway FL, Smith SR, Deutsch WA, Williamson DA, Ravussin E & Pennington CALERIE Team (2006) Effect of 6- month calorie restriction on biomarkers of longevity, metabolic adaptation, and oxidative stress in overweight individuals: a randomized controlled trial. JAMA 295, 1539–1548.

Heldmaier G, Neuweiler G, Rössler W (2013) Vergleichende Tierphysiologie. 2. vollst. Überarb. und aktualisierte Aufl. Berlin, Springer Spektrum.

Hermannstädter HM (2013) Beeinflussung der kognitiven Leistungen durch Kalorien-restriktion. Dissertation. Medizinische Fakultät Charité, Universitätsmedizin Berlin.

Holliday R (2007) Food, fertility and longevity. Biogerontology 7, 139–141.

Holliday R (1989) Food, reproduction and longevity: is the extended lifespan of calorie-restricted animals an evolutionary adaptation? Bioessays 10, 125–127.

Holloszy JO (1993) Exercise increases average longevity of female rats despite in-creased food intake and no growth retardation. J Gerontol 48, B97–100.

Holloszy JO & Fontana L (2007) Caloric restriction in humans. Experimental Gerontolo-gy 42, 709–712.

Huang S, Bjornsti M-A & Houghton PJ (2003) Rapamycins: mechanism of action and cellular resistance. Cancer Biol. Ther. 2, 222–232.

internet Primate Aging Database (iPAD) http://ipad.primate.wisc.edu/.

Jacob F (1977) Evolution and tinkering. Science 196, 1161–1166.

Jia K & Levine B (2007) Autophagy is required for dietary restriction-mediated life span extension in C. elegans. Autophagy 3, 597–599.

Jiang JC, Jaruga E, Repnevskaya MV & Jazwinski SM (2000) An intervention resembling caloric restriction prolongs life span and retards aging in yeast. FASEB J. 14, 2135–2137.

Jochum F (2013) Ernährungsmedizin Pädiatrie. Infusionstherapie und Diätetik. Sprin-ger-Verlag, Heidelberg.

Jung CH, Ro S-H, Cao J, Otto NM & Kim D-H (2010) mTOR regulation of autophagy. FEBS Lett 584, 1287–1295.

Junker T, Paul S (2009) Der Darwin Code. Die Evolution erklärt unser Leben. C.H.Beck. München.

Kaeberlein TL, Smith ED, Tsuchiya M, Welton KL, Thomas JH, Fields S, Kennedy BK & Kaeberlein M (2006) Lifespan extension in Caenorhabditis elegans by complete removal of food. Aging Cell 5, 487–494.

Kaletsky R & Murphy CT (2010) The role of insulin/IGF-like signaling in C. elegans lon-gevity and aging. Dis Model Mech 3, 415–419.

Kapahi P, Chen D, Rogers AN, Katewa SD, Li PW-L, Thomas EL & Kockel L (2010) With TOR, less is more: a key role for the conserved nutrient-sensing TOR pathway in aging. Cell Metab. 11, 453–465.

Kauffman AL, Ashraf JM, Corces-Zimmerman MR, Landis JN, Murphy CT (2010) Insulin signaling and dietary restriction differentially influence the decline of learning and memory with age. PLoS Biol. 8.

Kenyon C (2001) A Conserved Regulatory System for Aging. Cell 105, 165–168.

Kenyon CJ (2010) The genetics of ageing. Nature 464, 504–512.

Kerr F, Augustin H, Piper MDW, Gandy C, Allen MJ, Lovestone S & Partridge L (2011) Dietary restriction delays aging, but not neuronal dysfunction, in Drosophila models of Alzheimer's disease. Neurobiol. Aging 32, 1977–1989.

Khazrai YM, Defeudis G & Pozzilli P (2014) Effect of diet on type 2 diabetes mellitus: a review. Diabetes Metab. Res. Rev. 30 Suppl 1, 24–33.

King AJ (2012) The use of animal models in diabetes research. Br J Pharmacol 166, 877–894.

Kirkwood T (2000) Zeit unseres Lebens. Warum Altern biologisch unnötig ist. Aufbau-Verlag GmbH Berlin.

Kirkwood TB (1977) Evolution of ageing. Nature 270, 301–304.

Kirkwood TB & Holliday R (1979) The evolution of ageing and longevity. Proc. R. Soc. Lond., B, Biol. Sci. 205, 531–546.

Kleine B, Rossmanith WG (2010) Hormone und Hormonsystem. Lehrbuch der Endokrinologie. Springer-Verlag, Berlin, Heidelberg.

Kopeć S (1928) On the Influence of Intermittent Starvation on the Longevity of the Imaginal Stage of Drosophila Melanogaster. J Exp Biol 5, 204–211.

Laplante M & Sabatini DM (2012) mTOR Signaling. Cold Spring Harb Perspect Biol 4.

Laplante M & Sabatini DM (2009) mTOR signaling at a glance. J Cell Sci 122, 3589–3594.

Le Bourg E (2010) Predicting whether dietary restriction would increase longevity in species not tested so far. Ageing Res. Rev. 9, 289–297.

Le Bourg E, Medioni J (1991) Food Restriction and Longevity in Drosophila melanogaster. Age & Nutrition 2: 90–94.

Ledochowski M (2010) Klinische Ernährungsmedizin. Springer-Verlag, Wien.

Lee C, Raffaghello L, Brandhorst S, Safdie FM, Bianchi G, Martin-Montalvo A, Pistoia V, Wei M, Hwang S, Merlino A, Emionite L, de Cabo R & Longo VD (2012) Fasting Cycles Retard Growth of Tumors and Sensitize a Range of Cancer Cell Types to Chemotherapy. Sci Transl Med 4, 124ra27.

Lee IM, Blair SN, Allison DB, Folsom AR, Harris TB, Manson JE & Wing RR (2001) Epidemiologic data on the relationships of caloric intake, energy balance, and weight gain over the life span with longevity and morbidity. J. Gerontol. A Biol. Sci. Med. Sci. 56 Spec No 1, 7–19.

Lee SS, Lee RYN, Fraser AG, Kamath RS, Ahringer J & Ruvkun G (2003) A systematic RNAi screen identifies a critical role for mitochondria in C. elegans longevity. Nat. Genet. 33, 40–48.

Libert S & Pletcher SD (2007) Modulation of longevity by environmental sensing. Cell 131, 1231–1234.

Libert S, Zwiener J, Chu X, VanVoorhies W, Roman G & Pletcher SD (2007) Regulation of Drosophila Life Span by Olfaction and Food-Derived Odors. Science 315, 1133–1137.

Lim VS (2010) A powerful new agonist: flooding the system with growth hormone. Kidney Int. 77, 385–387.

Ljubuncic P & Reznick AZ (2009) The evolutionary theories of aging revisited--a mini-review. Gerontology 55, 205–216.

López-Otín C, Blasco MA, Partridge L, Serrano M & Kroemer G (2013) The Hallmarks of Aging. Cell 153, 1194–1217.

Ma XM & Blenis J (2009) Molecular mechanisms of mTOR-mediated translational control. Nat. Rev. Mol. Cell Biol. 10, 307–318.

Mair W & Dillin A (2008) Aging and survival: the genetics of life span extension by dietary restriction. Annu. Rev. Biochem. 77, 727–754.

Martínez DE & Bridge D (2013) Hydra, the everlasting embryo, confronts aging. Int. J. Dev. Biol. 56, 479–487.

Masoro EJ (2006) Caloric restriction and aging: controversial issues. J. Gerontol. A Biol. Sci. Med. Sci. 61, 14–19.

Masoro EJ, Austad SN; Editors (2011) Handbook of the biology of aging. 7th Edition. Elsevier, Amsterdam.

Mattison JA, Roth GS, Beasley TM, Tilmont EM, Handy AM, Herbert RL, Longo DL, Allison DB, Young JE, Bryant M, Barnard D, Ward WF, Qi W, Ingram DK & de Cabo R (2012) Impact of caloric restriction on health and survival in rhesus monkeys from the NIA study. Nature 489, 318–321.

Maynard S, Schurman SH, Harboe C, de Souza-Pinto NC & Bohr VA (2009) Base excision repair of oxidative DNA damage and association with cancer and aging. Carcinogenesis 30, 2–10.

McCarter R, Masoro EJ & Yu BP (1985) Does food restriction retard aging by reducing the metabolic rate? Am. J. Physiol. 248, E488–490.

McCay CM, Crowell MF, Maynard LA (1935) The effect of retarded growth upon the length of life span and upon the ultimate body size. J Nutr. 10: 63-79.

Mercken EM, Crosby SD, Lamming DW, JeBailey L, Krzysik-Walker S, Villareal DT, Capri M, Franceschi C, Zhang Y, Becker K, Sabatini DM, de Cabo R & Fontana L (2013) Calorie restriction in humans inhibits the PI3K/AKT pathway and induces a younger transcription profile. Aging Cell 12, 645–651.

Merlotti C, Morabito A & Pontiroli AE (2014) Prevention of type 2 diabetes; a systematic review and meta-analysis of different intervention strategies. Diabetes Obes Metab.

Metaxakis A & Partridge L (2013) Dietary restriction extends lifespan in wild-derived populations of Drosophila melanogaster. PLoS ONE 8, e74681.

Meydani M, Das S, Band M, Epstein S, Roberts S (2011) The Effect of Caloric Restriction and Glycemic Load on Measures of Oxidative Stress and Antioxidants in Humans: Results from the Calerie Trial of Human Caloric Restriction. J Nutr Health Aging 15, 456-460.

Miller ER 3rd, Pastor-Barriuso R, Dalal D, Riemersma RA, Appel LJ & Guallar E (2005) Meta-analysis: high-dosage vitamin E supplementation may increase all-cause mortality. Ann. Intern. Med. 142, 37–46.

Miller RA, Buehner G, Chang Y, Harper JM, Sigler R & Smith-Wheelock M (2005a) Methionine-deficient diet extends mouse lifespan, slows immune and lens aging, alters glucose, T4, IGF-I and insulin levels, and increases hepatocyte MIF levels and stress resistance. Aging Cell 4, 119–125.

Miller RA, Harper JM, Dysko RC, Durkee SJ & Austad SN (2002) Longer life spans and delayed maturation in wild-derived mice. Exp. Biol. Med. (Maywood) 227, 500–508.

Min K-J & Tatar M (2006) Drosophila diet restriction in practice: Do flies consume fewer nutrients? Mechanisms of Ageing and Development 127, 93–96.

Miwa S, St-Pierre J, Partridge L & Brand MD (2003) Superoxide and hydrogen peroxide production by Drosophila mitochondria. Free Radic. Biol. Med. 35, 938–948.

Møller N & Jørgensen JOL (2009) Effects of growth hormone on glucose, lipid, and protein metabolism in human subjects. Endocr. Rev. 30, 152–177.

Monaco TO & Silveira PSP (2009) Aging is not Senescence: A Short Computer Demonstration and Implications for Medical Practice. Clinics (Sao Paulo) 64, 451–457.

Monnier VM, Sell DR & Genuth S (2005) Glycation products as markers and predictors of the progression of diabetic complications. Ann. N. Y. Acad. Sci. 1043, 567–581.

Moore WJ (2012) Erwin Schrödinger. Eine Biographie. Aus dem Englischen von Thorsten Kohl, Primus Verlag, Darmstadt.

Müller-Nordhorn J, Muckelbauer R, Englert H, Grittner U, Berger H, Sonntag F, Völler H, Prugger C, Wegscheider K, Katus HA & Willich SN (2014) Longitudinal association between body mass index and health-related quality of life. PLoS ONE 9, e93071.

Müller WA, Hassel M (2012) Entwicklungsbiologie und Reproduktionsbiologie des Menschen und bedeutender Modellorganismen. 5. Auflage, Springer Spektrum, Springer Verlag Berlin Heidelberg.

Nakagawa S, Lagisz M, Hector KL & Spencer HG (2012) Comparative and meta- analytic insights into life extension via dietary restriction. Aging Cell 11, 401–409.

Neel JV (1962) Diabetes Mellitus: A "Thrifty" Genotype Rendered Detrimental by "Progress"? Am J Hum Genet 14, 353–362.

Oellerich MF & Potente M (2012) FOXOs and sirtuins in vascular growth, maintenance, and aging. Circ. Res. 110, 1238–1251.

Omodei D & Fontana L (2011) Calorie restriction and prevention of age-associated chronic disease. FEBS Lett. 585, 1537–1542.

Ooka H, Segall PE & Timiras PS (1988) Histology and survival in age-delayed low- tryptophan-fed rats. Mech. Ageing Dev. 43, 79–98.

Pamplona R & Barja G (2006) Mitochondrial oxidative stress, aging and caloric restriction: the protein and methionine connection. Biochim. Biophys. Acta 1757, 496–508.

Partridge L, Piper MDW & Mair W (2005) Dietary restriction in Drosophila. Mechanisms of Ageing and Development 126, 938–950.

Partridge L, Pletcher SD & Mair W (2005a) Dietary restriction, mortality trajectories, risk and damage. Mech. Ageing Dev. 126, 35–41.

Pawlikowski JS, Adams PD & Nelson DM (2013) Senescence at a glance. J. Cell. Sci. 126, 4061–4067.

Pearl R (1928) The rate of living. Knopf, New York.

Penzlin H (2009) Lehrbuch der Tierphysiologie. Spektrum Akademischer Verlag Heidelberg.

Pietsch K, Saul N, Chakrabarti S, Stürzenbaum SR, Menzel R & Steinberg CEW (2011) Hormetins, antioxidants and prooxidants: defining quercetin-, caffeic acid- and rosmarinic acid-mediated life extension in C. elegans. Biogerontology 12, 329–347.

Pinto E (2007) Blood pressure and ageing. Postgrad Med J 83, 109–114.

Piper MDW & Bartke A (2008) Diet and aging. Cell Metab. 8, 99–104.

Qiu X, Brown K, Hirschey MD, Verdin E & Chen D (2010) Calorie restriction reduces oxidative stress by SIRT3-mediated SOD2 activation. Cell Metab. 12, 662–667.

Remolina SC (2011) Molecular Basis of Life-History Evolution: A Tale of two Insects. Dissertation. Urbana, Illinois.

Rensing L, Rippe V (2014) Altern. Zelluläre und molekulare Grundlagen, körperliche Veränderungen und Erkrankungen, Therapieansätze. Springer-Verlag Berlin Heidelberg.

Rafaeloff-Phail R, Ding L, Conner L, Yeh W-K, McClure D, Guo H, Emerson K & Brooks H (2004) Biochemical regulation of mammalian AMP-activated protein kinase activity by NAD and NADH. J. Biol. Chem. 279, 52934–52939.

Ramsey JJ, Colman RJ, Binkley NC, Christensen JD, Gresl TA, Kemnitz JW & Weindruch R (2000) Dietary restriction and aging in rhesus monkeys: the University of Wisconsin study. Exp. Gerontol. 35, 1131–1149.

Rand JS, Farrow HA, Fleeman LM & Appleton DJ (2003) Diet in the prevention of diabetes and obesity in companion animals. Asia Pac J Clin Nutr 12 Suppl, S6.

Rankin MM & Kushner JA (2009) Adaptive Cell Proliferation Is Severely Restricted With Advanced Age. Diabetes 58, 1365–1372.

Rawal LB, Tapp RJ, Williams ED, Chan C, Yasin S & Oldenburg B (2012) Prevention of Type 2 Diabetes and Its Complications in Developing Countries: A Review. Int.J. Behav. Med. 19, 121–133.

Reilly BD, Schlipalius DI, Cramp RL, Ebert PR & Franklin CE (2013) Frogs and estivation: transcriptional insights into metabolism and cell survival in a natural model of extended muscle disuse. Physiol. Genomics 45, 377–388.

Reinecke M, Schmid A, Ermatinger R & Loffing-Cueni D (1997) Insulin-like growth factor I in the teleost Oreochromis mossambicus, the tilapia: gene sequence, tissue expression, and cellular localization. Endocrinology 138, 3613–3619.

Rincon M, Muzumdar R, Atzmon G & Barzilai N (2004) The paradox of the insulin/IGF-1 signaling pathway in longevity. Mech. Ageing Dev. 125, 397–403.

Ristow M & Schmeisser S (2011) Extending life span by increasing oxidative stress. Free Radic. Biol. Med. 51, 327–336.

Robson SL & Wood B (2008) Hominin life history: reconstruction and evolution. J. Anat. 212, 394–425.

Sadava D, Orians G, Heller C H, Hillis D, Beerenbaum M R (2011) Purves Biologie, 9. Auflage, Spektrum Akademischer Verlag, Heidelberg.

Safdie FM, Dorff T, Quinn D, Fontana L, Wei M, Lee C, Cohen P & Longo VD (2009) Fasting and cancer treatment in humans: A case series report. Aging (Albany NY) 1, 988–1007.

Salminen A & Kaarniranta K (2010) Insulin/IGF-1 paradox of aging: regulation via AKT/IKK/NF-kappaB signaling. Cell. Signal. 22, 573–577.

Sanz A, Caro P, Sanchez JG & Barja G (2006a) Effect of lipid restriction on mitochondrial free radical production and oxidative DNA damage. Ann. N. Y. Acad. Sci. 1067, 200–209.

Sanz A, Gómez J, Caro P & Barja G (2006b) Carbohydrate restriction does not change mitochondrial free radical generation and oxidative DNA damage. J. Bioenerg. Biomembr. 38, 327–333.

Schiavi A & Ventura N (2014) The interplay between mitochondria and autophagy and its role in the aging process. Exp. Gerontol.

Schmeisser S, Schmeisser K, Weimer S, Groth M, Priebe S, Fazius E, Kuhlow D, Pick D, Einax JW, Guthke R, Platzer M, Zarse K & Ristow M (2013) Mitochondrial hormesis links low-dose arsenite exposure to lifespan extension. Aging Cell 12, 508–517.

Schmidt RF, Lang F, Heckmann M; Hrsg (2010) Physiologie des Menschen: mit Pathophysiologie. Berlin, Springer.

Schriner SE, Linford NJ, Martin GM, Treuting P, Ogburn CE, Emond M, Coskun PE, Ladiges W, Wolf N, Van Remmen H, Wallace DC & Rabinovitch PS (2005) Extension of murine life span by overexpression of catalase targeted to mitochondria. Science 308, 1909–1911.

Schwarz PEH, Govindarajalu S, Towers W, Schwanebeck U, Fischer S, Vasseur F, Bornstein SR & Schulze J (2006) Haplotypes in the promoter region of the ADIPOQ gene are associated with increased diabetes risk in a German Caucasian population. Horm. Metab. Res. 38, 447–451.

Schwarz PEH, Towers GW, van der Merwe A, Perez-Perez L, Rheeder P, Schulze J, Bornstein SR, A (2009) Global meta-analysis of the C-11377G alteration in the ADIPOQ gene indicates the presence of population-specific effects: challenge for global health initiatives. Pharmacogenomics J. 9, 42–48.

Sgrò CM & Partridge L (2001) Laboratory adaptation of life history in Drosophila. Am. Nat. 158, 657–658.

Shanley DP & Kirkwood TBL (2006) Caloric restriction does not enhance longevity in all species and is unlikely to do so in humans. Biogerontology 7, 165–168.

Shingleton AW, Das J, Vinicius L & Stern DL (2005) The Temporal Requirements for Insulin Signaling During Development in Drosophila. PLoS Biol 3.

Skorokhod A, Gamulin V, Gundacker D, Kavsan V, Muller IM & Muller W (1999) Origin of Insulin Receptor-Like Tyrosine Kinases in Marine Sponges. Biol Bull 197, 198–206.

Slyper AH (2013) The influence of carbohydrate quality on cardiovascular disease, the metabolic syndrome, type 2 diabetes, and obesity - an overview. J. Pediatr. Endocrinol. Metab. 26, 617–629.

Sohal RS, Agarwal S, Candas M, Forster MJ & Lal H (1994) Effect of age and caloric restriction on DNA oxidative damage in different tissues of C57BL/6 mice. Mech of Age and Develop 76, 215–224.

Speakman JR (2008) Thrifty genes for obesity, an attractive but flawed idea, and an alternative perspective: the "drifty gene" hypothesis. Int J Obes (Lond) 32, 1611–1617.

Speakman JR & Hambly C (2007) Starving for life: what animal studies can and cannot tell us about the use of caloric restriction to prolong human lifespan. J. Nutr. 137, 1078–1086.

Speakman JR & Mitchell SE (2011) Caloric restriction. Mol. Aspects Med. 32, 159–221.

Steffen KK, Kennedy BK & Kaeberlein M (2009) Measuring replicative life span in the budding yeast. J Vis Exp.

Steinkraus KA, Smith ED, Davis C, Carr D, Pendergrass WR, Sutphin GL, Kennedy BK & Kaeberlein M (2008) Dietary restriction suppresses proteotoxicity and enhances longevity by an hsf-1-dependent mechanism in Caenorhabditis elegans. Aging Cell 7, 394–404.

Stott DJ, Bowman A (2000) Blood pressure and aging. J Hum Hypertens;14: 771–2.

Suh Y, Atzmon G, Cho M-O, Hwang D, Liu B, Leahy DJ, Barzilai N & Cohen P (2008) Functionally significant insulin-like growth factor I receptor mutations in centenarians. Proc. Natl. Acad. Sci. U.S.A. 105, 3438–3442.

Sun L, Sadighi Akha AA, Miller RA & Harper JM (2009) Life-span extension in mice by preweaning food restriction and by methionine restriction in middle age. J. Gerontol. A Biol. Sci. Med. Sci. 64, 711–722.

Swindell WR (2011) Dietary restriction in rats and mice: a meta-analysis and review of the evidence for genotype-dependent effects on lifespan. Ageing Res. Rev. 11, 254–270.

Tahara EB, Cunha FM, Basso TO, Della Bianca BE, Gombert AK & Kowaltowski AJ (2013) Calorie restriction hysteretically primes aging Saccharomyces cerevisiae toward more effective oxidative metabolism. PLoS ONE 8, e56388.

Tannenbaum A (1942) The genesis and growth of tumors II. Effect of caloric restriction per se. Cancer Res. 1942;2:460–7.

Teeuwisse WM, Widya RL, Paulides M, Lamb HJ, Smit JWA, de Roos A, van Buchem MA, Pijl H & van der Grond J (2012) Short-term caloric restriction normalizes hypothalamic neuronal responsiveness to glucose ingestion in patients with type 2 diabetes. Diabetes 61, 3255–3259.

Thieme F (2008) Alter (n) in der alternden Gesellschaft. GWV Fachverlage GmbH, iesbaden.

Thies W, Bleiler L (2011) 2011 Alzheimer's disease facts and figures. Alzheimers Dement 7, 208–244.

Tooke JE (2000) Possible pathophysiological mechanisms for diabetic angiopathy in type 2 diabetes. J. Diabetes Complicat. 14, 197–200.

Trifunovic A, Wredenberg A, Falkenberg M, Spelbrink JN, Rovio AT, Bruder CE, Bohlooly-Y M, Gidlöf S, Oldfors A, Wibom R, Törnell J, Jacobs HT & Larsson N-G (2004) Premature ageing in mice expressing defective mitochondrial DNA polymerase. Nature 429, 417–423.

Tucci P (2012) Caloric restriction: is mammalian life extension linked to p53? Aging (Albany NY) 4, 525–534.

United Nations (2007) World Population Prospects: The 2006 Revision. Population database «http://esa.un.org/unpp/»

Vaag AA, Grunnet LG, Arora GP & Br?ns C (2012) The thrifty phenotype hypothesis revisited. Diabetologia 55, 2085–2088.

Van Raamsdonk JM & Hekimi S (2009) Deletion of the mitochondrial superoxide dismutase sod-2 extends lifespan in Caenorhabditis elegans. PLoS Genet. 5, e1000361.

Van Raamsdonk JM & Hekimi S (2012) Superoxide dismutase is dispensable for normal animal lifespan. Proc. Natl. Acad. Sci. U.S.A. 109, 5785–5790.

Varki N, Anderson D, Herndon JG, Pham T, Gregg CJ, Cheriyan M, Murphy J, Strobert E, Fritz J, Else JG & Varki A (2009) Heart disease is common in humans and chimpanzees, but is caused by different pathological processes. Evol Appl 2, 101–112.

Vasseur F, Helbecque N, Dina C, Lobbens S, Delannoy V, Gaget S, Boutin P, Vaxillaire M, Leprêtre F, Dupont S, Hara K, Clément K, Bihain B, Kadowaki T & Froguel P (2002) Single-nucleotide polymorphism haplotypes in the both proximal promoter and exon 3 of the APM1 gene modulate adipocyte-secreted adiponectin hormone levels and contribute to the genetic risk for type 2 diabetes in French Caucasians. Hum. Mol. Genet. 11, 2607–2614.

Walford RL, Harris SB & Gunion MW (1992) The calorically restricted low-fat nutrient-dense diet in Biosphere 2 significantly lowers blood glucose, total leukocyte count, cholesterol, and blood pressure in humans. Proc. Natl. Acad. Sci. U.S.A. 89, 11533–11537.

Walford RL, Mock D, Verdery R & MacCallum T (2002) Calorie restriction in biosphere 2: alterations in physiologic, hematologic, hormonal, and biochemical parameters in humans restricted for a 2-year period. J. Gerontol. A Biol. Sci. Med. Sci. 57, B211–224.

Wang J, Ho L, Qin W, Rocher AB, Seror I, Humala N, Maniar K, Dolios G, Wang R, Hof PR & Pasinetti GM (2005) Caloric restriction attenuates beta-amyloid neuropathology in a mouse model of Alzheimer's disease. FASEB J. 19, 659–661.

Wehner R, Gehring WJ (2013) Zoologie. Georg Thieme Verlag, Heidelberg.

Weindruch R (1996) The retardation of aging by caloric restriction: studies in rodents and primates. Toxicol Pathol 24, 742–745.

Weismann A (1892) Über Leben und Tod: Eine biologische Untersuchung. Jena, Fischer.

Weon BM & Je JH (2009) Theoretical estimation of maximum human lifespan. Biogerontology 10, 65–71.

WHO. Media Centre. The top ten causes of death 2011: http://who.int/mediacentre/factsheets/fs310/en/index1.html.

WHO. Programmes. Chronic respiratory diseases. www.who.int/respiratory/copd/en/

WHO/FAO/UNO report (1985) Energy and protein requirements. In: WHO technical support series No 724, Geneva.

Wilhelmi de Toledo F, Buchinger A, Burggrabe H, Hölz G, Kuhn C, Lischka E, Lischka N, Lützner H, May W, Ritzmann-Widderich M, Stange R, Wessel A (2013) Fasting Therapy - an Expert Panel Update of the 2002 Consensus Guidelines. Forschende Komplementärmedizin / Research in Complementary Medicine 20, 434–443.

Willcox BJ, Willcox DC, Todoriki H, Fujiyoshi A, Yano K, He Q, Curb JD & Suzuki M (2007) Caloric restriction, the traditional Okinawan diet, and healthy aging: the diet of the world's longest-lived people and its potential impact on morbidity and life span. Ann. N. Y. Acad. Sci. 1114, 434–455.

Williams GC (1957) Pleiotropy, natural selection, and the evolution of senescence. Evolution. 11, 398–411.

Witte AV, Fobker M, Gellner R, Knecht S & Flöel A (2009) Caloric restriction improves memory in elderly humans. Proc. Natl. Acad. Sci. U.S.A. 106, 1255–1260.

World Bank List of Economies (July 2012).

Wrangham R (2009) Feuer Fangen. Wie uns das Kochen zum Menschen machte - eine neue Theorie der menschlichen Evolution. Deutsche Verlags-Anstalt, München.

Wrangham R (2013) The evolution of human nutrition. Curr Biol. May 6;23 (9): R354-5

Wu J, Liu Z, Meng K & Zhang L (2014) Association of Adiponectin Gene (ADIPOQ) rs2241766 Polymorphism with Obesity in Adults: A Meta-Analysis. PLoS ONE 9, e95270.

Wullschleger S, Loewith R & Hall MN (2006) TOR signaling in growth and metabolism. Cell 124, 471–484.

Xu G, Li Y, An W, Li S, Guan Y, Wang N, Tang C, Wang X, Zhu Y, Li X, Mulholland MW & Zhang W (2009) Gastric mammalian target of rapamycin signaling regulates ghrelin production and food intake. Endocrinology 150, 3637– 3644.

Xu Y, Shao C, Fedorov VB, Goropashnaya AV, Barnes BM & Yan J (2013) Molecular signatures of mammalian hibernation: comparisons with alternative   phenotypes. BMC Genomics 14, 1–13.

Yehuda S, Rabinovtz S, Carasso RL & Mostofsky DI (1996) Essential Fatty Acids Preparation (Sr-3) Improves Alzheimer's Patients Quality of Life. Int J   Neurosci 87, 141–149.

Zarse K, Schmeisser S, Groth M, Priebe S, Beuster G, Kuhlow D, Guthke R, Platzer M, Kahn CR & Ristow M (2012) Impaired insulin/IGF1 signaling extends life span by promoting mitochondrial L-proline catabolism to induce a transient ROS signal. Cell Metab. 15, 451–465.

Zeyfang RA, Hagg-Grün U, Nikolaus T (2013) Basiswissen Medizin des Alterns und des Alten Menschen. 2., überarbeitete Auflage. Springer-Verlag, Heidelberg.

Zheng J, Mutcherson R 2nd & Helfand SL (2005) Calorie restriction delays lipid oxidative damage in Drosophila melanogaster. Aging Cell 4, 209–216.

9 Abbildungsverzeichnis

10 Tabellenverzeichnis

11 Abkürzungsverzeichnis

NR	Nahrungsrestriktion
CR	*Caloric Restriction*: Kalorienrestriktion
DR	*Dietary Restriction*: Nahrungsrestriktion
LS	Lebensspanne
mi. L.	mittlere Lebensspanne
IIS	Insulin/IGF-1-Signalweg
II-Signal	Insulin/IGF-1-Signal
II-Signalweg	Insulin/IGF-1-Signalweg
T2D	Typ-2-Diabetes
h	*hour* (Stunde)